考えるナメクジ

人間をし
驚異の脳機能

松尾亮太
福岡女子大学教授

写真提供◎玉つむ（かたつむりが好き）

さくら舎

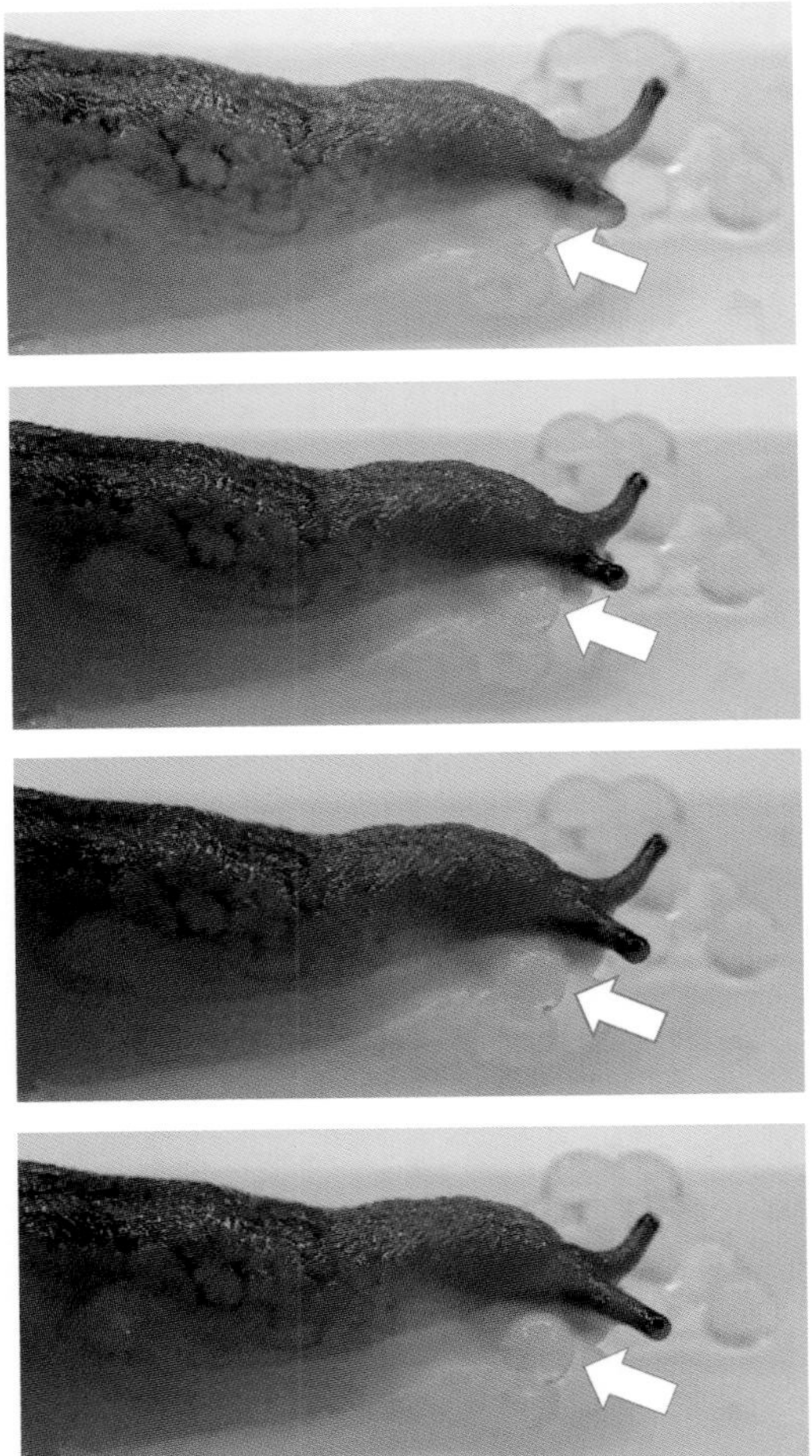

ナメクジの産卵シーン。
頭部右の孔から受精卵
が産み落とされる。
(写真提供＝西山春佳)

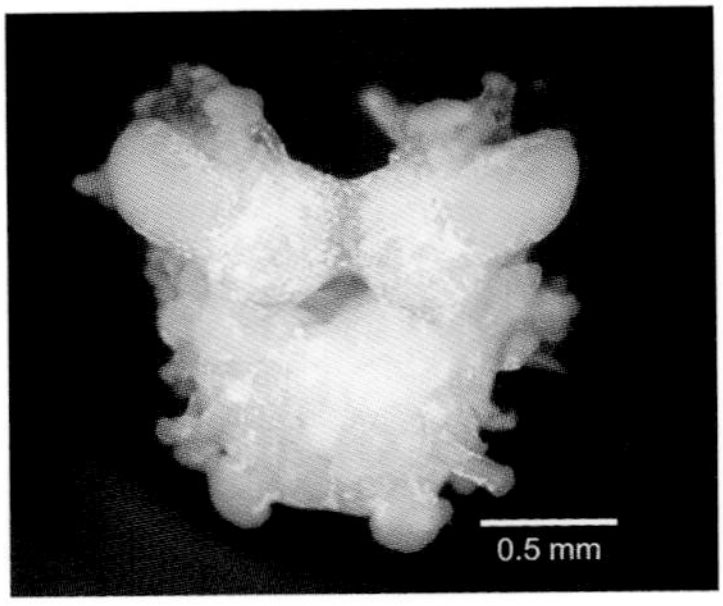

ナメクジの脳。
1.5ミリ角の脳の
中心部の孔を
食道が通る。
(写真提供＝著者)

はじめに——ふしぎなナメクジ脳の世界へようこそ！

「ナメクジ博士」への道

「ナメクジの脳」と聞いて、みなさんはどのように感じるでしょうか。

筆者はナメクジの脳研究をはじめて19年近くになりますが、初対面の人に「ナメクジの脳研究をしています」というと、多くの場合、「なぜナメクジ？」という反応が返ってきます。場合によっては、「ナメクジに脳があるの？」と驚かれることもあります。

かくいう筆者も、ナメクジの研究をはじめる以前はヒトのモデル動物として繁用《はんよう》されているラットやマウスの海馬《かいば》を用いた神経科学、つまり現代神経科学の王道ともいえる脳の研究の一端に従事していました。

そのころ、国内の学会でナメクジの学習能力の研究についての発表演題があった、という情報を同僚から耳にしたとき、あまりの奇想天外さに「うそやろ!?」と爆笑したのを覚えています。当時の筆者には、「ナメクジが学習」という話はほとんど冗談にしか聞こえませんでした。

しかしその後に、助手として着任した研究室が、まさにそのナメクジの脳研究をテーマのひとつとしているところでした。「うそやろ!?」の学会発表をしていた、まさにその研究室だったのです。

実験をしてみると、行動はきわめてシンプルで、ナメクジが野菜などの好きなにおいと嫌いな刺激（苦《にが》み物質など）とを組み合わせて与えられると、その嫌な刺激に懲《こ》りて、以降その野菜を避けるようになる、という学習が可能で、とても賢い動物であることを確かめることができました。

そしてその実験では、どんな素人《しろうと》がやってみてもきっちりと同じ結果が出ました。ラット、マウスを用いた行動実験は、周囲の環境や実験者によるちょっとした操作の違いが結果を左右する、とても繊細なものでもあります。それと比べると、行動実験動物としてナメクジがとても使いやすいものであることに驚きました。

　そして、**「ヒトの脳と比べると10万分の1の数しかニューロン（神経細胞）を持たないのに、なんと賢い動物なのか」**と感心したのを思い出します。

　その後、研究を進めるにしたがって、次々とナメクジの脳のすごさ（本書の主題です）を思い知らされることになり、すっかりナメクジの脳の虜《とりこ》になってしまいました。

ヒトの脳にはできないことをやってのけるナメクジの脳

　あれから19年以上たったいま、とうとうナメクジの脳がどれだけすごいのかをみなさんにお伝えする「ナメクジ博士」になってしまいました。

　そう、すごいのです。

　特に、「人間とはなにかを知る学問」のひとつとして、これまで多くの研究者を惹《ひ》きつけ、発展をとげてきた神経科学の世界をかじった人間として、**型破りにすぐれたナメクジの脳機能には驚かされっぱなし**です。

　たとえば、ナメクジは、単ににおいと嫌いな刺激を結びつける「学習」だけでなく、もっとむずかしい「論理思考をともなう連合学習」もこなします。論理思考ができる、とはどういうことか。わかりやすくいえば、「A＝BでB＝Cであれば、A＝C」といっ**た理屈《りくつ》がわかる**、ということです。

また、**脳や触角《しょっかく》は破壊・切断されたまま放置されてもひとりでに再生**しますし、取り出された脳自体もそのままでしばらく生きつづけます。必要となれば、細胞内にあるDNA（デオキシリボ核酸）を、倍々ゲーム方式で何千倍にも増やすこともやってのけます。さらに、触角の先端にある眼を除去されても脳で直接光を感じ取り、暗い場所へ逃げ込むことだってできるのです。

それらはどれも人間の脳にはマネできない能力だといえます。

おそらく多くの人にとって、ナメクジは食べごろになった家庭菜園の野菜や果物を食い荒らす〝にっくき害虫〟であり、高価なアスパラガスやイチゴを夜な夜な食害する〝許しがたい農業害虫〟でしょう。

ビールトラップ（ビールを使ってナメクジを捕獲する一般的な方法）などで何度除去しても、次々と湧《わ》いて出てくる気持ちのわるい連中にちがいありません。

それはたしかにそうなのですが、ちょっと立ち止まって考えてみてください。

ナメクジがここまで栄華をきわめ、われわれ人間をてこずらせるのは、旺盛《おうせい》な繁殖《はんしょく》能力以外に、きっとすぐれた脳機能を持っていることの証《あかし》ではないでしょうか。**すぐれた脳を持つゆえに繁栄をほしいままにしているのは、なにも人間だけではない**のです。

本書では、ナメクジの脳機能に着目し、ヒトができることをナメクジもできる、という話だけでなく、**ヒトの脳ではできないようなことをナメクジの脳がやってのける**、という話を中心に紹介したいと思います。

われわれ人間を含め、現在の地球上に生き残っている多くの種類の生物たちには、この先、思いがけない滅亡や衰退が控えていることでしょう。しかし、とりあえず現時点では、35億年以上にわたって繰り広げられてきた進化競争の勝者たちだといって差し支えないと思います。

そしてナメクジも、その勝者たる生物種群の一角を占《し》めて、憎らしいほど繁栄しています。**ヒトとはまったく違ったロジックで働き、それでいて非常にすぐれた彼らの脳機能**をくわしく知ることで、繁栄の理由のひとつを知っていただければと思います。

そして、万物の霊長《れいちょう》たるヒトの脳は、なにもすべての動物が目指すべき頂点ではなく、この世界を生き抜くための単なるひとつの形にすぎない、ということも同時に感じていただければうれしく思います。

本書を読み終えたみなさんが次に庭や畑でナメクジを見かけたとき、以前よりほんの少しのリスペクトを持って彼らに接してもらえれば、筆者としてこれ以上の喜びはありません。

福岡女子大学教授　松尾《まつお》亮太《りょうた》

CONTENTS

第2章 すごい「脳力」があふれている動物界

CONTENTS

CONTENTS

CONTENTS

ナメクジ研究者の雄《お》叫《たけ》び

考えるナメクジ

——人間をしのぐ驚異の脳機能

第1章

ナメクジって どんな生き物？

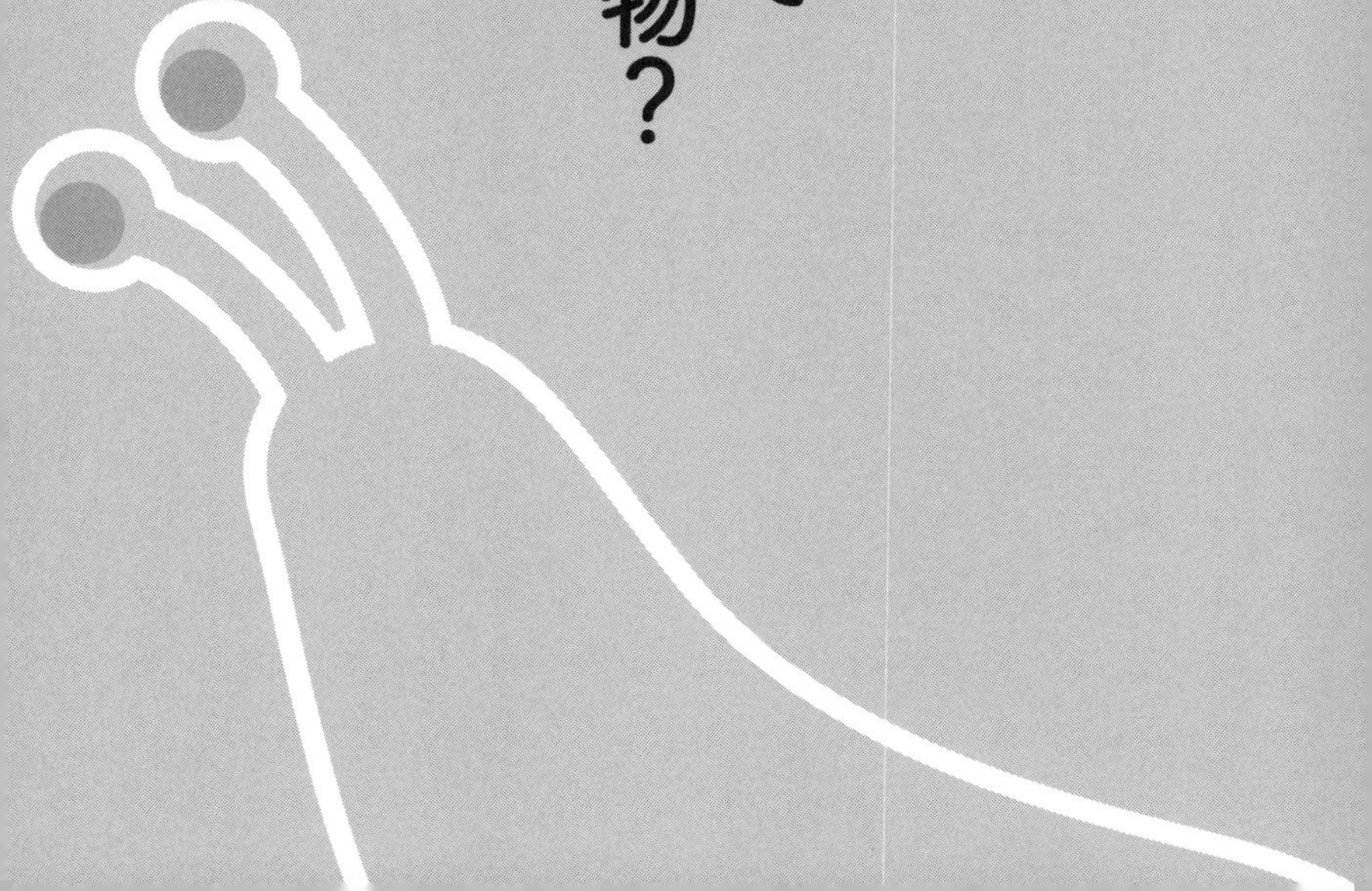

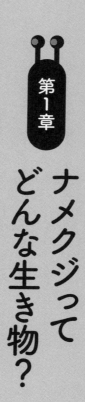

人間社会のおじゃまもの・ナメクジ

どうにもイメージのよろしくない動物

ナメクジにいい印象を持っている人はあまりいないでしょう。カタツムリであれば、あの殻《から》のらせん模様に愛らしさを覚える人がいるかもしれません。家でカタツムリを飼育している人もたまに見かけます。

雨の日に子供がカタツムリを捕まえてきて持ち帰ってくることはあっても、ナメクジを捕まえてくることはあまりありません。また、ヨーロッパのカタツムリにはエスカルゴとして珍重《ちんちょう》されている種もいて、高級食材というイメージを持っている人もいるかもしれません。

しかし、近縁《きんえん》種であるナメクジはといえば、ディズニー映画でさえもあまりいい役では出てきていないような気がします。

アメリカでは、「のろま」の代名詞のような扱いです。ナメクジに対応する英語は"slug《スラッグ》"ですが、形容詞型の"sluggish《スラギッシュ》"は「のろまな」という意味で、ナメクジが関係ない場面でも「うすのろな……」と表現したい際に用いられます。

以前、**アメリカの学会でナメクジを用いた行動実験のビデオを映写したところ、客席から「こりゃなかなか終わらなそうだっ！　ハッハッハッ！」とヤジをもらいました。**映写しはじめたばかりでいわれるのですから、よほど「ナメクジ＝のろま」のイメージが定着しているのでしょう。ですので、**筆者も最近は8倍速や16倍速で再生する**ように心がけています。

また、学会でヨーロッパに行った際に立ち寄ったガラス工芸品店でも、カタツムリのガラス細工の置物はあっても、ナメクジの置物は見当たりませんでした。

どうやら世界的に見ても、ナメクジはかなりイメージがわるい動物のようです。それはなぜか？

理由のひとつに、**ナメクジは雨が降らないかぎり、日中はあまり目につかないところにいる、**という**隠遁《いんとん》生活**があるでしょう。

カタツムリなら、晴れた日でも殻に引っ込んだまま木や塀にぴったりとくっつき、キュートな渦巻き模様を見せているのをしばしば目撃することができます。が、乾燥した場所で日中にうろうろしているナメクジを見かけることはめったにありません。

そのくせ、雨の日や夜になると、どこからともなくわらわらと湧《わ》いてきます。庭のどこに視線を移してもナメクジが目に入る、というあの湧き方を見れば、「○○を見〜つけた！」といったような、レアな虫を見つけたときの喜びを感じる人はほとんどいないでしょう。

風呂場で思いがけず遭遇《そうぐう》して不快な思いをした人もけっこういるのではないかと思います。

ヒトを死に至らしめ、大規模テロも引き起こす

夜な夜な湧いてきて彼らがなにをしているかというと、家庭菜園や畑の農作物をむさぼり食っています。その結果、人間の激しい怒りを買っています。

プランターのパンジーやビオラの花を食べられて怒りを覚えた人もいるでしょう。実際

ナメクジは、昆虫系（イナゴやカメムシなど）に匹敵《ひってき》する農業害虫として、農水省や環境省に認定されています。

しかもことあろうに、**なぜかイチゴやアスパラガスなど値段の高い農作物を好み、人間が「そろそろ収穫時期だな」と楽しみにしている矢先に失敬する**のです。こういった彼らの振る舞いが、さらにわれわれの怒りを増幅させています。

加えて、広東《カントン》住血線虫《じゅうけつせんちゅう》の中間媒介《ばいかい》動物としても知られ（これはカタツムリでも同様なのですが）、この寄生虫を保有している**ナメクジを生《なま》で食べると寄生虫が脳まで達して重篤《じゅうとく》な病気になることがある**ため、警戒《けいかい》されている存在でもあります。

２０１８年には、若いころにナメクジを生食してみたオーストラリアの男性が死亡した、というニュースが話題になりました。このように、場合によってはヒトを死に至らしめることもあるのです。

また、２０１９年には、線路わきの電気設備にナメクジが侵入してショートさせたことで、北九州市内のＪＲ鹿児島線と日豊《にっぽう》線で大規模な停電が発生し、１万人以上の足に影響が出ました。人間にとっては、**たった一匹のナメクジに起こされたある種の大規模テロ**だといえましょう。

と、まあ、このように、われわれ人間から見ると、ほとんど評価するところのないナメクジであります。むしろ、忌《い》み嫌われている存在であるといってよいでしょう。ナメクジが早期に火災を察知して家人に知らせたことで人命を救助した、といった犬のような美談も聞いたことがありません。

しかし、本書では彼らの「脳」がわれわれ人間の脳を超える数々の能力を持っていることを紹介し、ナメクジの意外な一面を知ってもらおうと思います。これにより、みなさんのナメクジに対する見方が少し変わるかもしれません。

カタツムリとは違う

ナメクジもカタツムリも同じ巻貝の仲間だが

ご存じかと思いますが、巷《ちまた》で見かける**ナメクジとカタツムリは別の種《しゅ》**です。種どころか、

図1 動物の系統図(比較的よく知られた分類群のみ)

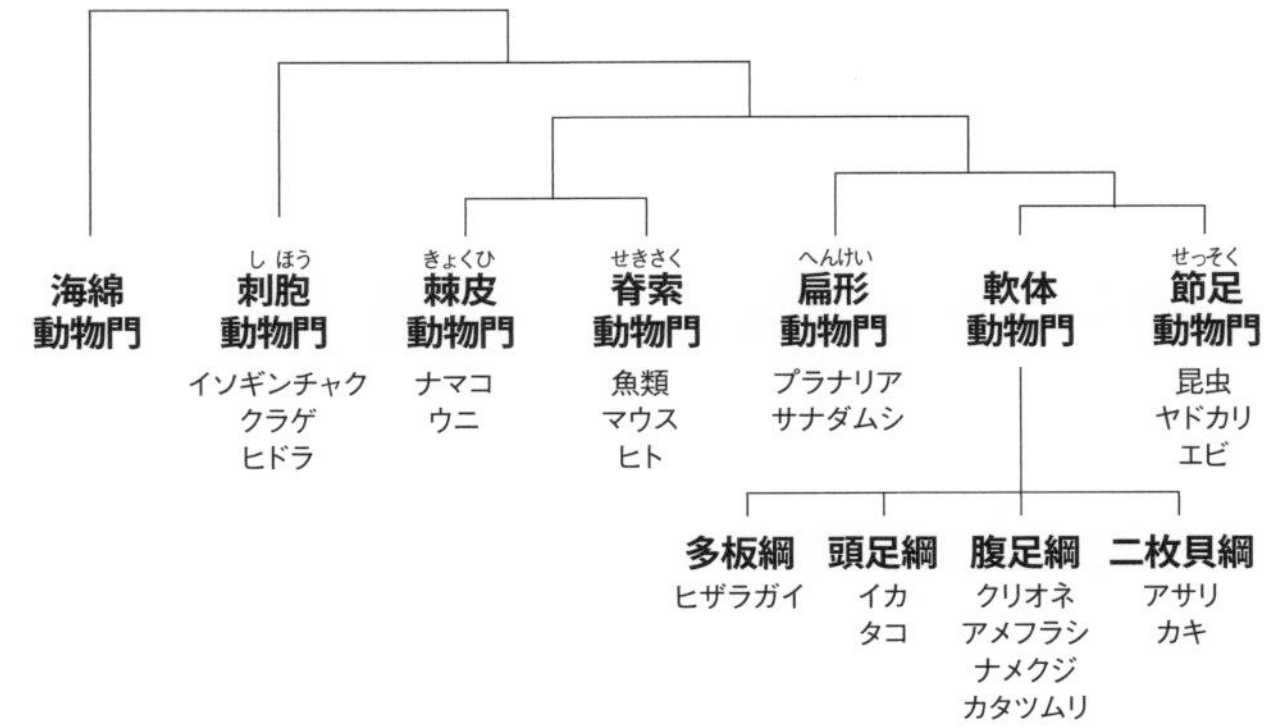

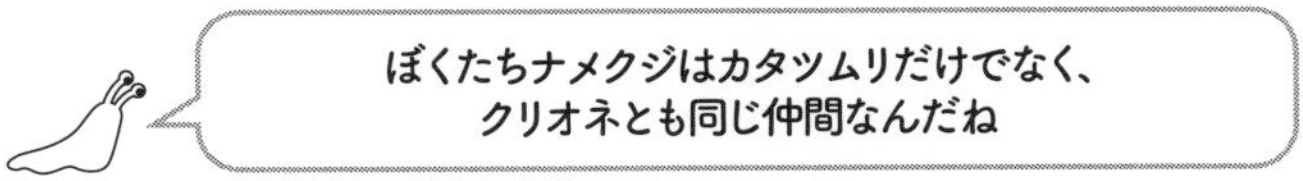

生物分類の「界《かい》―門《もん》―綱《こう》―目《もく》―科《か》―属《ぞく》―種《しゅ》」方式でいえば、「科」のレベルで違います。

ナメクジもカタツムリも『軟体動物門―腹《ふく》足《そく》綱《こう》（巻貝類）―有《ゆう》肺《はい》亜《あ》綱《こう》―柄《へい》眼《がん》目《もく》』というところまでは同じです。

腹足綱というのは、腹を接地させて這《は》い進むような巻貝の仲間をすべて含み、巻貝以外ではアメフラシやクリオネもここに含まれます（図1）。軟体動物のほとんどは水中で生きているため、通常は肺を持っていないのですが、有肺亜綱に含まれる動物（マイマイ類とも呼ばれます）は陸上生活に適応して肺を備えています。

そのなかで特に、眼が触角の先端についているものが柄眼目と呼ばれており、ここにナメクジやカタツムリ、アフリカマイマイなどが含まれています。

「ナメクジ」も「カタツムリ」も単一の動物種を表すわけではなく、それぞれ似た外観を持つ種の集まりを表しています。ちなみにヒトは単一種なので、脊索《せきさく》動物門―哺乳綱《ほにゅうこう》―サル目《もく》（霊長《れいちょう》目）―ヒト科―ヒト属―ヒトとなりますが、ナメクジは「目《もく》」から先がひとくくりになっているということです。

とにかく、**ナメクジもカタツムリも同じ柄眼目、つまり触角の先端に眼がついている腹足類に属する**、ということなので、たがいに近縁であることは間違いありません。

また、「カタツムリが殻《から》を脱いだものがナメクジなの?」と聞かれることがときどきありますが、違います。ヤドカリかなにかと勘違いしているものと思われます。

ヤドカリは貝殻を自由に出入りできる甲殻《こうかく》類（節足《せっそく》動物）ですが、**カタツムリから殻を脱がせることは**、**死を意味します。**あのらせん形の殻の中に、種々の内臓が格納されているのです（海のサザエを思い起こしてもらえばわかると思いますが）。

ではナメクジには殻はないのか、というと、じつは種によっては貧弱な殻のようなものを保持しているものがいます。その意義や用途は不明ですが、これは進化の過程でカタツムリとの共通祖先から分岐《ぶんき》した後、退化しつつある殻の痕跡《こんせき》器官であろうと考えられています。

筆者が研究室で飼育しているチャコウラナメクジも、小さくて貧相な殻のようなものを背中に背負っています（そのためチャ〝コウラ〟ナメクジという和名がつけられています）。この殻は、ナメクジ上半身の背側を覆っているマントル（外套《がいとう》）と呼ばれる構造体に埋まっています。また、種によっては殻を完全に失っているナメクジもいます。

ナメクジの体のしくみ

血は赤くなく、内臓が体液中に浮かんでいる

ヒトでは、血中に存在する赤血球に含まれるヘモグロビンというタンパク質が、体中に

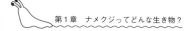

酸素を運ぶ役割をになっています。赤血球は、全身に張りめぐらされた血管系を通って体のすみずみまで行きます。

ヒトの血が赤いのは赤血球の色のせいなのですが、**ナメクジの血は赤くありません。**ヘモグロビンの代わりにヘモシアニンという銅イオン（鉄イオンではない）を含む酸素運搬タンパクが体液中に存在しています。

また、心臓はあるのですが、ヒトのように毛細血管が網の目のように全身にはりめぐらされているわけではありません。心臓から押し出されたヘモシアニンを含む透明の体液が、全身をめぐりながら酸素を行きわたらせます。

ヒトの脳には、血管に注射した薬や飲んだ薬が効きにくい、とよくいわれますが、これは脳内の毛細血管が血中の物質を簡単には通さない特性（血液脳関門）を持っており、脳を守っているからです。

一方、**ナメクジでは脳も含めた内臓が体液中に浮かんでいるような状態**ですので、体腔《たいくう》に注射した薬剤は、脳にも簡単に到達します。

免疫として働き、美容にもいい粘液

ナメクジと聞くと最初に思い浮かべるのが、「塩をかけたら溶ける」ということと、「ねばねばした粘液」ではないでしょうか。

子供のころに、ナメクジに塩をかけてみた人もいると思います。すると、体のほとんどが水分であるナメクジは、浸透圧によって多量の粘液を出しながら水分を失って縮み、やがて死んでしまいます（〝溶けている〟わけではありません）。

葉の上などにナメクジの這い痕が見えることがありますが、これはナメクジが出した粘液（次ページ図2左）が乾いたものです。ナメクジは自らの粘液をうまく利用して、逆さまの状態でも張りついて移動することができるのです。

粘液には免疫《めんえき》系としての働きをする生体防御《ぼうぎょ》物質（糖タンパク類）が含まれており、感染症などから身を守る働きもしています。

さらに、なにかつらいことがあると、瞬時に多量の粘液を全身から分泌《ぶんぴつ》する能力も持ち合わせており、刺激性の物質などに曝《さら》されると多量の粘液を出して中和しようとします（塩をかけたときに多量の粘液を出すのも、こういった防衛反応のひとつと見ることもできます）。

糖タンパクなどの糖鎖《とうさ》を主成分としている**粘液は、多量の水を含む性質があるため、美容液としてカタツムリの粘液が含まれている商品も販売されている**ようです。

ただ、ナメクジの粘液が含まれている美容液は（同じようなもののはずなのに）、調べたかぎりでは見当たりません。

眼より鼻が利く

ナメクジは乾燥を嫌うので、太陽の出ていない時間帯がメインの活動時間になります。

図2 チャコウラナメクジの姿

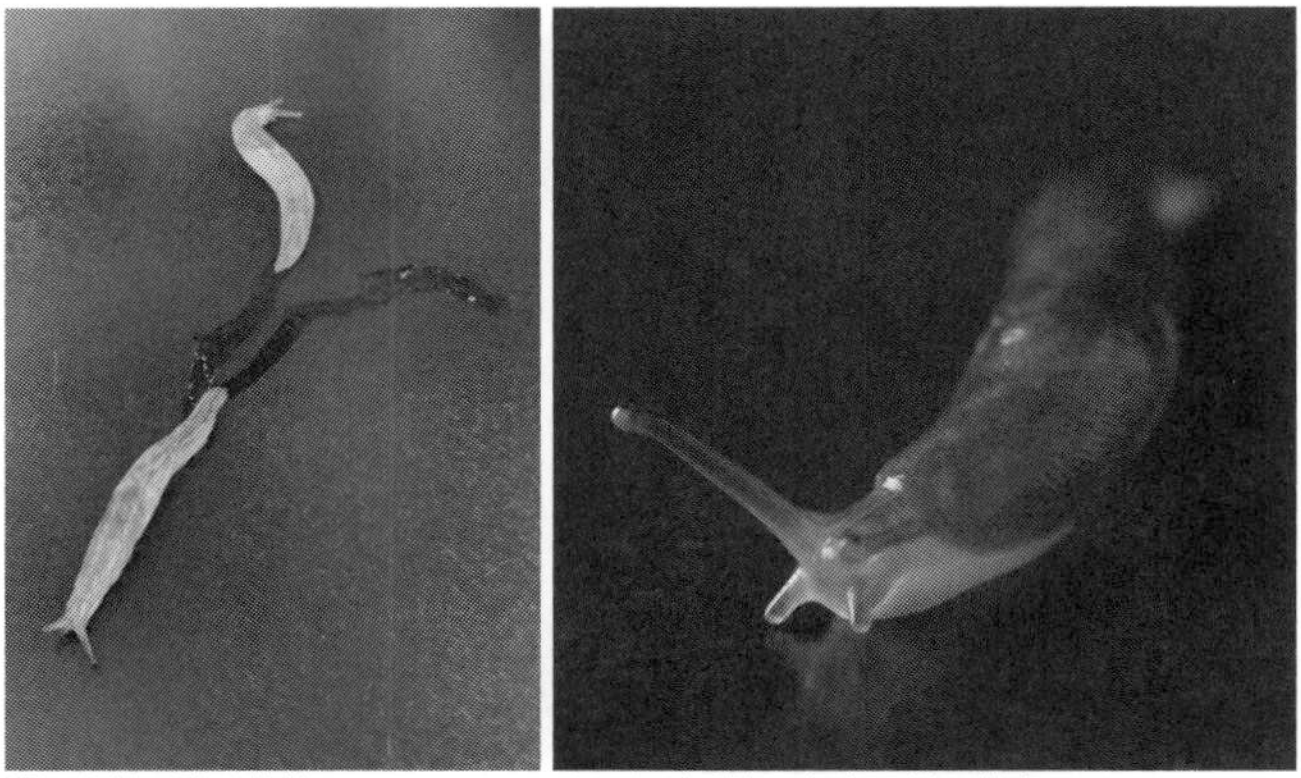

這った後に残る粘液　　ナメクジが持つ大小二対の触角

眼は大小二対《つい》ある頭部の触角対《しょっかくつい》のうち、長いほうの大触角の先端にひとつずつあります（図2右）。これらの眼の光に対する感度はかなりよいのですが、視野内にある物の形を見分けられるほど空間解像度は高くないようです。

昼間のナメクジは、草葉の陰や石の下など、せまくて暗い場所に好んで隠れています。おもに暗い時間帯に活動する**夜行性であるため、ナメクジが外界を認識するために用いている感覚のうち、嗅覚（におい感覚）が最も重要**です。

一方、耳が聞こえているかどうかは不明ですが、彼らの行動から察するに、音は聞こえていないようにうかがえます。空気の振動（＝音）を感知できそうな器官の存在も報告されていませんし、実際、解剖《かいぼう》しても見当たりません。

雌雄同体で、頭の横から産卵

ナメクジは雌雄《しゆう》同体で、オス・メスはありません。想像がつかないかもしれませんが、性器は必要に応じて頭部の右側の孔《あな》から出てきます。

成熟期になると、ほかの個体とのあいだで、頭部右側を接触させてたがいに精子《せいし》を交換し、それを体内に保持しています。そして、必要に応じて体内で自分の卵《らん》と受精《じゅせい》させ、同じ頭部右側の孔から受精卵を産み落とします（扉裏カラー写真）。

彼らは卵を産みつける場所をよく心得ているようで、乾燥するリスクの低そうな場所（湿った場所の落ち葉の下や、植木鉢と地面のあいだの隙間など）を選んで産みつけています。

大きな個体では一度の産卵で数十個の卵を産みますが、小さな個体は1～2個程度しか産むことができません。

産みつけられた受精卵が孵《かえ》るまでの日数は温度によって異なるようですが、筆者らの実験室にあるインキュベータ（温度を一定に保てる飼育器）内で19℃で飼育しているチャコウラナメクジだと20日くらいで孵化《ふか》します（図3）。生まれたばかりの赤ちゃんナメクジは、体長3～4ミリくらいです。

カエルなどと異なり、胚《はい》（細胞分裂《ぶんれつ》して将来体になる部分）は卵の一部を占めるだけで、卵の体積の大部分は栄養としての卵黄です。

孵化してきたナメクジは、発生中に卵内で変態《へんたい》（オタマジャクシがカエルになるよう

図3 孵化したばかりのチャコウラナメクジの赤ちゃん

に、幼生《ようせい》から成体になる過程で形態を変えること）をすませているため、**大人のナメクジと同じ形をしています。**

一方、タコやアメフラシなど海に棲《す》む軟体動物の多くは、幼生時、変態を起こす前は成体とはまったく異なった姿（プランクトンの一種です）で海を漂っています。ナメクジでは、そのような幼生に相当する形態を見かけることはできません。

大人と同じ形をした赤ちゃんナメクジはそのまま成長をつづけ、性的な成熟期を迎えた後も、エサさえ与えていれば大きくなりつづけます。

チャコウラナメクジの場合、世代時間、つまり生まれてから成長し、次の世代をつくり出すまでにかかる時間は3～4ヵ月程度で、その後は寿命1～2年で死ぬ間際まで産卵をくり返します。

エサは雑食、共食いもある

食べ物は動物性（動物の死骸《しがい》など）、植物性（やわらかい葉や果物）を問わず、なんでも食べます。実験室で飼育していると、弱った個体がほかの元気な個体に食べられてしまうこと（共食い）もあります。

また、大きな個体は与えられたエサをガツガツ食べることで年をとっても大きくなりつづけますが、小さい個体はつねに食いっぱぐれるためか、いつまでも小さな体のままです。

このため、同じ日に生まれたナメクジのあいだでも、数週間で何十倍も体重が違ってしまうことがよくあります。研究室の中といえども、とても厳しい世界なのです。

呼吸とうんちは同じ孔から

図4 ナメクジの体の名称

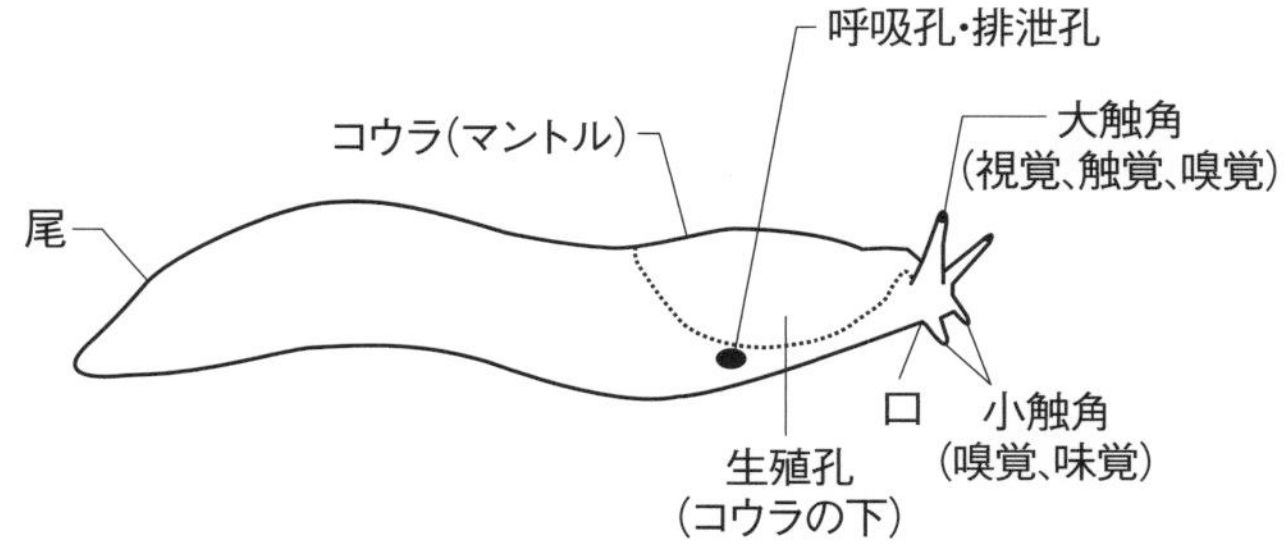

頭部の先端近くにある口には、歯舌《しぜつ》と呼ばれるおろし金のような歯が並んでおり、これを用いて食べ物を削《けず》りながら食べます。

食べ物は全身をめぐる消化器官を通過した後、うんちとして体の右側にある孔から排泄《はいせつ》されます（性器が出てくる孔よりは後方にあります）。

この排泄孔《こう》は呼吸孔と出入り口を共有しており、うんちをしていないときは、ときどきこの孔を開いて外の新鮮な空気を取り入れています（図4）。

肛門《こうもん》と呼吸孔が共用されている、というある意味シュールな体のつくりだともいえますが、後述のとおり「鼻」にあたる器官は触角の先端にありますので、自分のうんちのにおいを至近距離で嗅《か》いでしまう心配はないものと思われます。

もっとも、少なくとも研究室で飼っているナメクジのうんちは、われわれ人間にとってはまったく臭くありません。

なお、ヒトのうんちは、ヘモグロビンの分解産物の色の影響が強く、食べた物の色にあまり左右されない似たような色（茶色系）になりますが、**ナメクジが排泄するうんちは食べたエサと同じ色**をしています。野外のナメクジでも、食べたものの色がほぼそのままうんちの色となります。

実際、ふだん与えている**エサに食紅を混ぜてみると、あざやかな赤いうんちをしました。**

ちなみに、うんちも生殖器《せいしょくき》も体の右側から出てくるのは、ナメクジを含む腹足類の受精卵が「らせん卵割《らんかつ》」という方式で卵割しながら発生することにより生じる、体の左右非対称性を反映しているものと思われます。

巻貝に右巻き・左巻きがあるのをご存じかもしれませんが、これもらせん卵割時の分裂面の方向の違いにより生じることが知られています。

一見、左右対称に見えるナメクジでも、巻貝の仲間であることを示す特徴が、このような非対称性として体に残っているのです。

よく見かけるナメクジは外来種

戦後全国に広まったチャコウラナメクジ

国内、特に本州や四国、九州で最もよく見かけるナメクジは、先ほどから紹介しているチャコウラナメクジ（Limax valentianus）です。

ただ、このナメクジは外来種であり、真偽《しんぎ》のほどはわかりませんが、なんでも戦後、進駐軍からの物資などとともに日本に移入してきたということです。したがって、日本に来てからまだ70年あまりしかたっていません。

一方、チャコウラナメクジの次くらいによく見かけるナメクジは、フタスジナメクジ（Meghimatium bilineata）と呼ばれる在来種です（図5）。

図5 チャコウラナメクジ(左)とフタスジナメクジ(右)

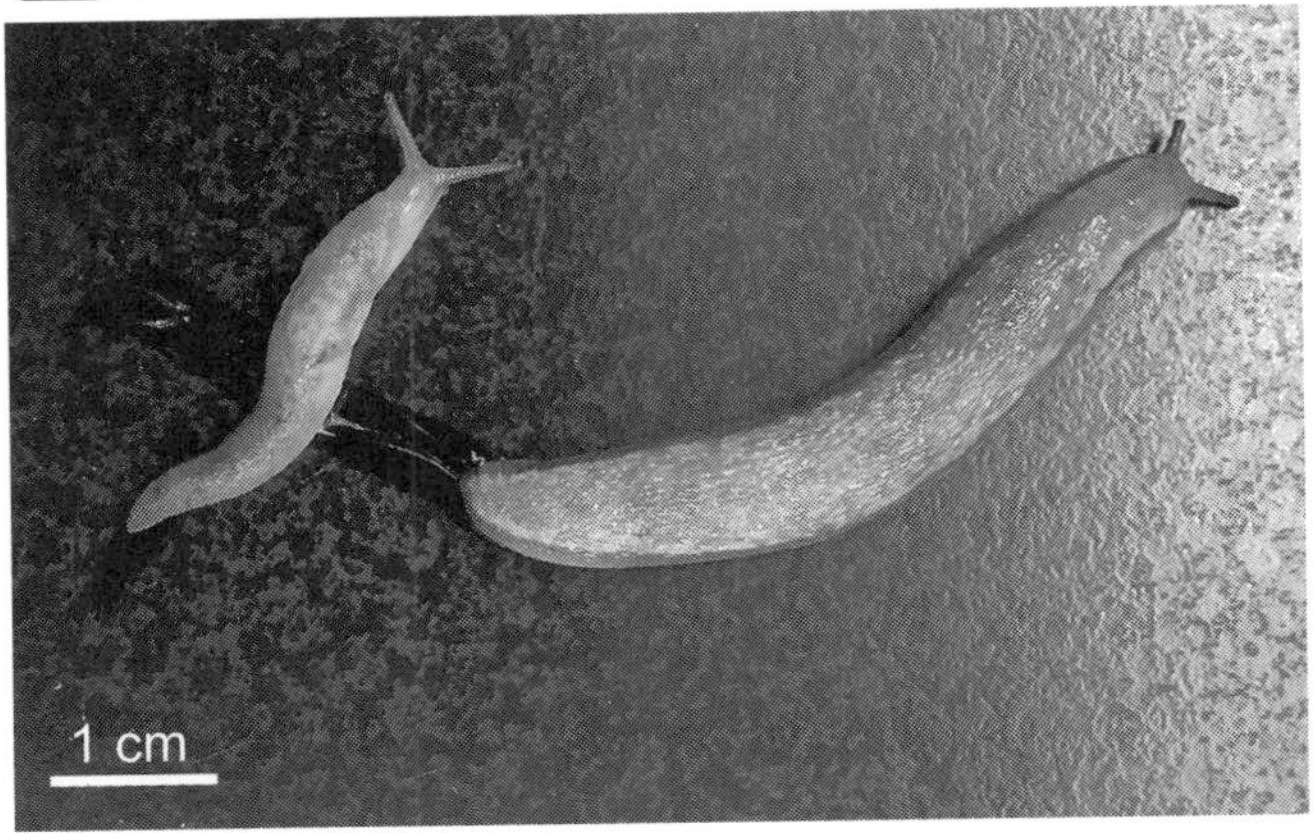

チャコウラナメクジよりも大きく育ち、灰色がかった体の両側に茶色っぽい線状の模様があります。体が大きいわりに、這い方がスローモーです。

筆者の研究室では最近、このフタスジナメクジも片すみで少しだけ飼育しているのですが、チャコウラナメクジに比べると寿命が長いうえに世代時間も長く、産む卵の数も少ないような印象があります。繁殖力《はんしょく》という観点ではチャコウラナメクジに軍配が上がります。

このほか、日本には、山地に行くとヤマナメクジ（Incilaria fruhstorferi）という大型の在来種もいます。

なお、本書で出てくるナメクジの脳神経系に関する話は、ほとんどがチャコウラナメクジで得られた知見に基づいています。

ナメクジの飼い方

ご家庭で簡単に飼えます

筆者の研究室では19年以上にわたり、常時3000～5000匹のナメクジを維持《いじ》、繁殖しています。

家庭などでナメクジを飼育したい人は、世の中にあまり多くないような気がしますが、本書を読むような人はもしかしたら飼ってみたいと思っているかもしれません。そこで、ナメクジを飼育、繁殖するにあたっての注意点を簡単に列挙しておきます。

なお、もっとくわしい飼い方については、筆者も共著者として参加した『研究者が教える動物飼育 第1巻』（共立出版）を参考にしてもらえればと思います。

【飼育箱】

ナメクジは大きな殻を背負っていないため、驚くほどせまい隙間でも通過することができます（先述のＪＲ鹿児島線の停電も、まさかと思うような隙間から電気系統のボックスに入り込んだために起こったのでしょう）。

したがって、密閉されたビンやケースのほうが逃げられる心配はありません。肺呼吸をしていますが、過密状態で飼わないかぎり、換気にはそれほど気を使わなくても大丈夫です。

また、日光が当たらない場所に置き、箱の中にも隠れられる暗い場所をつくっておきましょう。

【湿り気】

これは最も重要です。ナメクジは乾燥に非常に弱いので、乾燥した飼育箱などはもちろんダメです。しかし、肺呼吸をしているので、溺死《できし》するほどドボドボの環境もよくありませんし、過度の水分は飼育環境の悪化を招くので要注意です。

【温度】

寒いのにはある程度耐えますが、逃げ場のない状況で、昨今の真夏の猛暑の下に置かれると、耐えられません。研究室では年間を通して19℃に設定したインキュベータで飼育していますが、25℃くらいまでは大丈夫でしょう。

ただ、温度が高いほど、カビや悪臭など環境の悪化が早く起こるおそれはあります。

【エサ】

研究室では実験の都合上、片栗粉のほか、種々の栄養素を含む粉末を混ぜたものを練りエサにして与えています。これはいわば完全栄養食なのですが、普通に飼育するだけであれば、小松菜やニンジンの切れ端といった野菜くずのようなもので十分です。

ちなみに、ナメクジは食べさせれば食べさせるほど体が大きくなります。逆に、エサをまったく与えなくても、湿り気さえあれば1カ月以上生きていられます。

図6 スポンジシートの下に産みつけられた卵

【産卵場所】

産卵させたい場合は、「ここなら当分乾燥しないだろう」と（ナメクジが）思える場所を提供しておく必要があります。

研究室ではヘナヘナになったスポンジシートを湿らせてから敷いています（図6）。そうすると、その下などに卵を産みつけてくれます。

ちゃんと受精卵を産むよう、ナメクジは少なくとも2個体を一緒に飼うようにしてください。また先述のように、大きな個体ほど、一回の産卵でたくさんの卵を産むことができます。

なお、面白いことに、ナメクジは自らの生命に危険が迫っていることを察すると、よく卵を産むようです。

たとえば、実験上必要な外科手術をほどこされたナメクジや、エサを急に与えられなくなったナメクジは、突如《とつじょ》として産卵を開始することがあります。

多くの魚類やカエルなどと異なり、ナメクジは事前に他個体と交換しあった精子を体内に保持しており、時期を見てこれを使って受精させた卵を産みつけます。ですから、自らの余命が短いことを悟《さと》った際に急遽《きゅうきょ》、受精卵を産み落とすことができるのです。

第2章

すごい「脳力」があふれている動物界

ナメクジにも脳があるの？

脳はインターニューロンの集合体

「ナメクジの脳の研究をしています」というと、「え、ナメクジにも脳があるの？」と聞かれることがしばしばあります。

「動物」に分類される生き物の多くには脳があります。「動物」とは動物園にいるような動物たちだけでなく、従属栄養生物、つまり光合成などにより自身でエネルギー源をつくり出すことができずに、ほかの生物を捕食して生きている生物で、なおかつ多細胞生物のことを指します。

たとえばゾウリムシは動き回ってほかの生物を捕食しますが、単細胞生物なので「動物」ではありません。一方、ゆっくりしか動かなくてもイソギンチャクやウニは「動物」です。

「動物」にカテゴライズされる生き物で脳がないのは、海綿動物やサンゴなどの刺胞《しほう》動物に限られます（23ページ図1）。刺胞動物の一部（ヒドラなど）には、すでに脳の原型とも呼べる、ニューロン（神経細胞）が集中的に集まった部位を持つものがいます。

では、そもそも脳とはいったいなにか？

ヒトを含めた動物の脳を研究する神経科学の世界では、**「脳」はインターニューロンの集合体**ととらえられています。ニューロンは、脳にあるだけでなく体中に張りめぐらされていますが、情報の流れにおける位置づけから、大きく、感覚ニューロンと運動ニューロン、そしてインターニューロンの３つに分けることができます。

【ニューロン（神経細胞）は３つに大別】

・感覚ニューロン
・運動ニューロン
・インターニューロン

図7 動物の反応や行動が起こるしくみ(脳を介した情報の流れ)

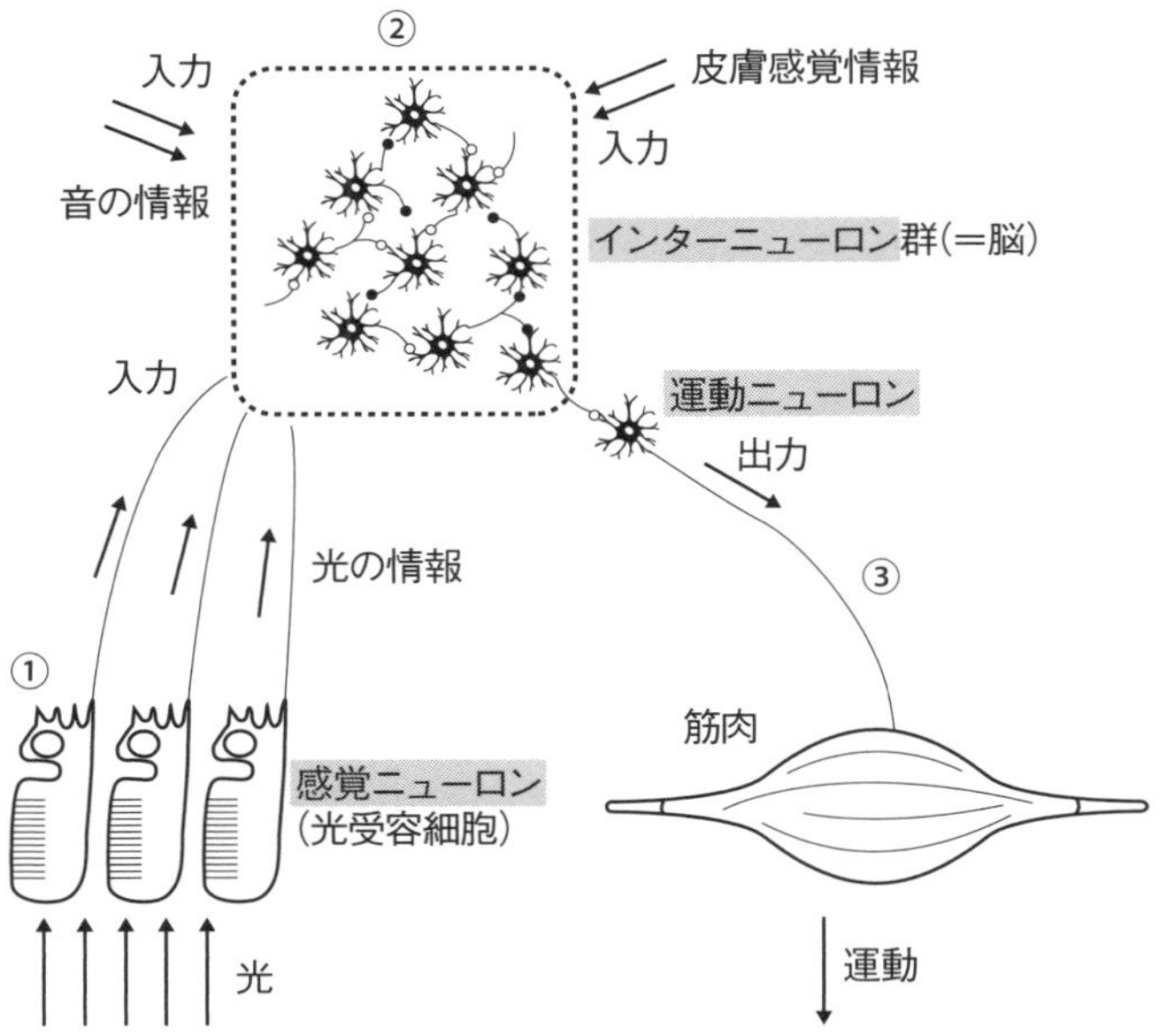

①眼や耳、皮膚などの細胞(感覚ニューロン)が受け取った光や音、触感などの情報が脳(インターニューロン)に入力される。②脳で判断される。③運動ニューロンを介して情報が出力され、それが筋肉の運動(反応や行動)となる

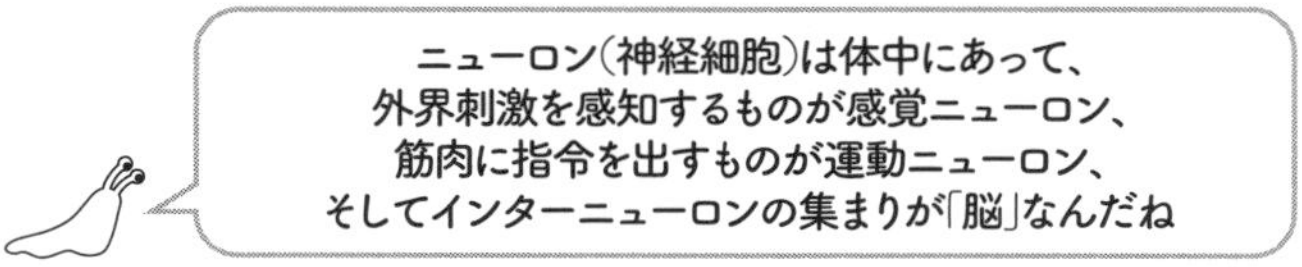

感覚ニューロンは、光や音、痛みといった外界からの情報を体の受容細胞で受けて、それを神経活動に変換します（図7）。

運動ニューロンは、筋肉に対して指令を出すニューロンです。

そしてインターニューロンは、感覚ニューロンと運動ニューロンのあいだに位置し、感覚ニューロンからの情報を統合し、他のさまざまなファクターを勘案しつつ、どのような運動出力を出すかを決定するニューロンです。多くの場合、この決定には多くのインターニューロン同士の相互作用（連絡）が必要です。こういったインターニューロンが局所的に集合した構造体を「脳」と呼びます。

スポーツの苦手な人のことをよく「運動神経がわるい」といいますが、わるいのはおそらく運動ニューロンだけではないでしょう。感覚ニューロン、脳、運動ニューロンの三者に加え、運動を実行する骨格筋までを含めた統合的機能の発露《はつろ》が「運動」ですから、運動ニューロンだけに責任を押しつけるのは筋違いというものです。

1・5ミリ角サイズの脳の真ん中を食道が通る

さて、ナメクジの脳がどこにあるのかというと、やはり頭部にあります。ちなみに、身近な**動物ではたいてい、脳は眼の近くに位置しており、脳がどこにあるかわからない場合はまず眼を探し当て、そこからたどると、多くの場合脳を見つけることができます。**

ナメクジの頭部には大小二対《つい》の触角があり、そのうちの大触角には眼があります。4本の触角のうちのどれかをたどっていくと、すべて同じ場所に行き当たります。それが脳です（図8）。

実際には外から透けて見えるわけではないので、解剖《かいぼう》しないと脳を見ることはできません。**成体のナメクジだと、脳の大きさは1・5ミリ角くらいです**（50ページ図9上）。

形状もヒトの脳とはずいぶん異なります。たとえば、ナメクジの脳には嗅覚情報処理に重要な「前脳葉《ぜんのうよう》」という部位があり、これはヒトの「前頭葉《ぜんとうよう》」に似た呼び名なのですが、両者に直接の関係はありません。

図8 **触角をたどると脳につながる**

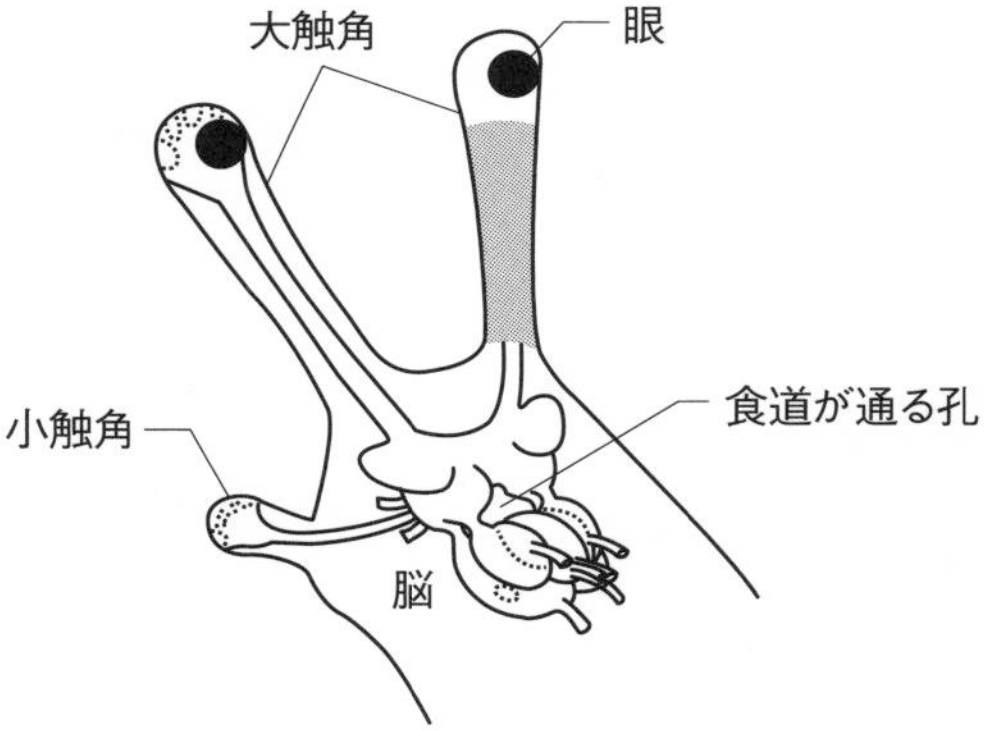

＊小触角については左しか示していない。また左の大小触角は内部構造がわかるように示してある

1・5ミリ角の脳に含まれる**ニューロンの数は数十万個**とされています。ヒトだと数百億個のニューロンが脳にあるとされていますので、**ヒトの10万分の1程度**の数しかニューロンを持たないことになります。

ナメクジでは、数十万個のうちの半数程度が嗅覚情報処理、つまりにおい情報の処理に関わるインターニューロンなのですが、脳の中に運動ニューロンも少し含まれています。

先ほど述べたとおり、通常「脳はインターニューロンの集合体」とされていますから、その意味で、ナメクジの脳は厳密な脳の定義からは少し逸脱《いつだつ》するかもしれません。

脳の中心に食道が通過していますので、**口から入った食べ物は、脳の真ん中を通過し**

図9 ナメクジの脳

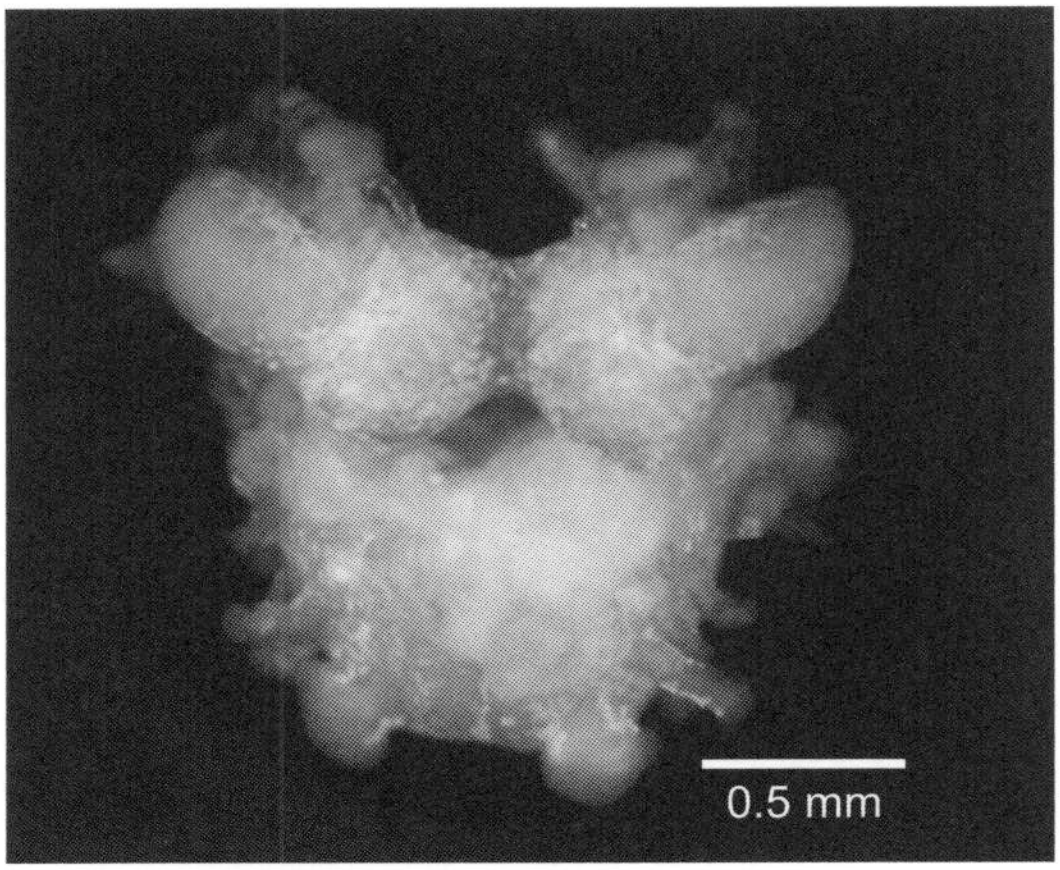

中心付近に見えている孔を食道が通っている

ナメクジの脳を背面やや後方から見た図

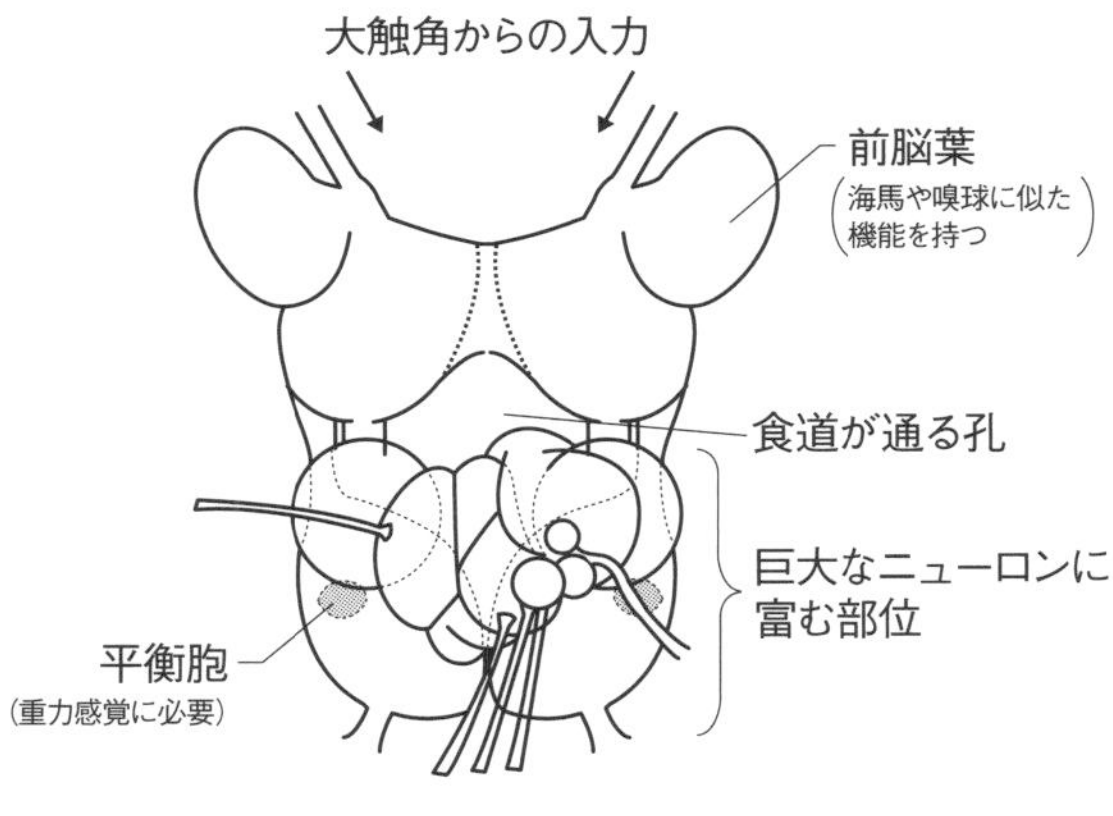

＊小触角から入力する神経束は腹面側にあり、この図には示されていない

ていくことになります。ヒトに置き換えて考えると少し奇妙な感じがするかもしれませんが、昆虫でも同様なつくりになっていますので、**むしろ食道の周囲を脳が取り囲む構造のほうが、動物の世界では普遍性のあるボディープランなのかもしれません。**

ナメクジに比較的近縁な軟体動物のアメフラシをご存じでしょうか。海岸の岩礁に多く見られる大型版ナメクジのような水棲《すいせい》の生き物で、刺激すると紫色の粘液を出して身を守ります。最近は高校の生物の教科書にも登場し、少し有名な動物になりました（66ページ図11）。

ナメクジと同じ軟体動物門の腹足綱《ふくそくこう》（巻貝類）に属するため、脳内のニューロンの塊《かたまり》の単位（神経節）の数やそれぞれの役割など、アメフラシとナメクジの脳は、基本的にたがいに似たつくりをしています。

しかし、アメフラシではニューロンの総数はナメクジの10分の1程度と少なく、また脳が一ヵ所に集まらずにいくつかの塊がたがいに分散した状態でつながっています。

逆にいえば、アメフラシよりもナメクジのほうが、私たちがイメージする脳に近い姿の脳を持っているといえましょう。

神経科学の主流は哺乳類でも……

ヒトやマウスの脳研究で得られた知見がすべてではない

神経科学、ないし脳科学の研究は、これまで世界的に見ても国内的に見ても、医学系の分野を中心に発展してきました。実際、国内で神経科学、脳科学の基礎研究にたずさわる研究者の多くが入会している日本神経科学学会において、最も存在感のある学部は医学部です。

農学部をのぞく理系の学部（理学部、工学部、薬学部など）の多くにも神経科学関係の研究室がありますが、必ずあるというわけではありません。逆に神経科学関係の基礎系研究室（「解剖学教室」や「生理学教室」といった名称の研究室が該当することが多いです）をひとつも備えていない医学部は珍しいといえましょう。

それほど医学と神経科学は密接に関係しており、神経科学は医学の一分野であると

さえいえるかもしれません。

なぜ神経科学が医学において重要な位置を占めているのかといえば、脳が最も複雑でかつ多様な病気（機能異常）を起こす臓器であるから、というのがひとつの理由でしょう。しかしそれ以上に、**医学が本来的にヒトに指向した生命科学**であり、「ヒトをヒトたらしめているのはその高度な脳機能である」という信念が根底にあるからだと思います。こういった信念こそが神経科学発展の原動力となってきました。

現在、「神経科学（Neuroscience）」と銘《めい》打って出版されているテキストのほとんどは、ヒト、ないしはマウス等の哺乳類《ほにゅう》で得られた知見に基づいて記述されています。

もっとも、戦中から戦後にかけての神経科学の黎明《れいめい》期には、イカやアメフラシといった軟体動物が材料として用いられてきました。こういった軟体動物のニューロンは非常に大きなサイズを持っているために、さまざまな実験操作が容易であるからです。

しかし**現在では、軟体動物を用いた研究をおこなっている神経科学の研究者は世界的に見ても少なくなりつつあります。**

実際、神経科学研究のツールとして販売されている試薬や抗体《こうたい》は、哺乳類に対して使えるようデザインされたものばかりです。ヒトから見て進化的に遠縁《とおえん》な動物の神経系を研究しようとすると、便利な試薬やキットがほとんど売られていないため、筆者らを含めたマイナー動物の研究者にはいろいろと苦労が多いのです。

たとえば、有名な認知症の一種であるアルツハイマー病研究など、研究者人口の多い分野で注目されているいくつかのタンパク質ならば、マウスやヒトにあるそれらタンパク質に対する抗体が普通に市販されており、それらのタンパク質の量の多寡《たか》や細胞内での存在場所を知りたければ、研究者はお金を出してそういった抗体を買うだけですぐに結果を得ることができます。

また、多くの研究者によって頻繁《ひんぱん》に調べられるタンパク質ならば、複数のメーカーが抗体を販売しますので、価格競争で安くなることもあります。

しかし、潜在的な**購買者が世界にひとりしかいない抗体の品揃えをしておくメーカーがあるはずはありません。**そのため、筆者らは抗体を自作する、または特注で作製を依頼することが必要になり、時間もお金もよけいにかかることになります。

愚痴《ぐち》はさておき、ヒト自身の脳がどう働いているか、ヒト特有の脳機能（言語や文化の伝播《でんぱ》）はどのような脳機能に裏打ちされたものであるのか、といった問いは、非常に多くの人の興味を引くものです。また、アルツハイマー病やパーキンソン病といった、高齢化社会が抱える深刻な問題に対処するためにも、ヒトの脳を研究する必要性は十分にあります。

ただし、**ヒトの脳研究でわかったことがすべてではない**のです。万物の霊長だと思っているヒトの脳でも不可能なことを、やすやすとやってのける動物が、じつは身のまわりにたくさんいます。

ヒトよりすごい「脳力」を持つ動物たち

ヒトとは違った世界が見えている動物

ヒトにできないことができる動物というのはいろいろといて、そういった動物の、特に感覚能力（五感）についてよく研究がおこなわれています。

図10 波長による電磁波の分類

視覚（光感覚）を例に挙げると、われわれヒトの眼はきわめてすぐれた空間分解能、つまり視野内のものを非常に細かく見分ける高い解像度を持っています。しかし、光の波長という観点でみると、およそ４００ナノメートル（紫色）から７００ナノメートル（赤色）の範囲の電磁波、つまり可視光線しか眼で見ることができません（ナノメートルは10億分の1メートル）。

それゆえ、４００ナノメートルより短い波長の電磁波は紫外線と呼ばれ、７００ナノメートルよりも長い波長の電磁波は赤外線と呼ばれます。つまり、紫外線、可視光線、赤外線といった呼び方は、人間の視点からの電磁波の分類法だといえます（図10）。

しかし、**多くの昆虫には紫外線が見えているらしい**ことがわかっていますし、魚類にも紫外線が見える種がたくさんいます。その一方で、被食者の体温により発する**赤外線を感知して獲物《えもの》を捕まえる、映画『プレデター』のようなヘビ**もいます。

ほとんどの動物は、眼などで「オプシン」と呼ばれる視物質タンパク質を用いることで、光を感知することができます。

ヒトだと、色を識別するために3種類のオプシンを眼の網膜《もうまく》に持っており、それぞれが違った波長（つまり色）の光の検出に適した特性を持っています。青用、緑用、赤用の3つのオプシンの働きにより、われわれヒトは物の色がわかるのです。

テレビモニターが、青、緑、赤の3つの小さな発光素子でさまざまな色を表現できることをイメージしてもらえばいいかもしれません。

しかし驚いたことに、**ある種のシャコやトンボにいたっては、数十種類のオプシンを持っている**ものがいます。彼らにはいったいどんな色が見えているのでしょうか。**われわれには想像もつかないような極彩色《ごくさいしき》の世界を見ている**かもしれません。

また、色とは別に、偏光《へんこう》（光の電磁波としての振動方向の偏《かたよ》り）を感知できるような構造の眼を持つ昆虫もおり、彼らはその情報を利用することで、太陽が直接見えない状況でも方角を知ることができます。

地球に降り注ぐ太陽光は、大気を構成する分子とぶつかるうちに、上空には太陽の位置に応じた特定方向の偏光パターンがつくり出されます。このようなパターンはヒトの眼ではまったく感知できないのですが、**偏光の方向を感知できる構造の眼を持った動物は、天空の一角が見えれば太陽のある方向を推定することができる**のです。

つまり、出かけた先で太陽が見えない状況になっても、空の一部が見えれば巣のある方角がわかり、無事に巣に戻ることができるわけです。

一方で、ヒトは外界の情報のほとんどを、視覚を通して得ているといわれますが、見えている光の波長範囲は動物世界のなかでは長波長側（赤色寄り）にやや偏《かたよ》っているうえ、偏光の情報も検出できません。

このため、われわれヒトは太陽光由来の光情報のすべてを利用できているとはいいがたいと思います。

超音波や地磁場まで利用できる動物

視覚以外で、ヒトにできないことをやっている動物もたくさんいます。

コウモリは超音波の反射を利用して獲物を捕捉しますし、デンキウオは自身が周囲につくり出す電場を利用して、周囲の障害物を見つけます。

カイコガのオスは、メスが発するフェロモン分子が空気1ミリリットル中に数百～数千分子というごく薄い濃度（およそ10^{16}～10^{17}個の空気分子につきフェロモン分子1個）でも感知することができます。われわれの身近にいる犬もこれに匹敵《ひってき》する感度でにおい分子を感知できます。

鳥類や昆虫の一部には、地磁場を感じることのできるものもいて、これを長距離の移動に利用しています。どれもこれも、われわれヒトには想像がつかない感覚です。

すごい再生能力を持つ動物

また、**ヒトの脳神経系はきわめて限定的な再生能力しか持ちません**。脳卒中や脊髄《せきずい》損傷が治療困難なことからも、このことがわかります。ｉＰＳ細胞が再生医療の切り札として期待されるのも、逆にいえばヒトの組織再生能力が概して低いためです。

一方、後述のナメクジの話でも出てきますが、軟体動物腹足類の脳は、損傷からのすぐれた再生能力を示します。

軟体動物よりもヒトに近縁な魚類の多くも、脳内に分裂《ぶんれつ》能力を残した神経細胞の「もと」（神経前駆《ぜんく》細胞）を多く持っており、損傷を受けた場合にこれらが細胞分裂を起こして新たなニューロンをつくり出すことで、ヒトよりは高い再生能力を示します。

淡水に棲《す》む扁形《へんけい》動物であるプラナリアにいたっては、**上半身と下半身に真っ二つにされても、脳のない側（下半身）に新しく脳や眼がつくられ、結果的に2匹になること**は有名でしょう。

こういった動物たちの再生能力を知ると、ヒトの脳がいかに損傷に対して無力であるかがわかります。

以降の章では、ナメクジに焦点《しょうてん》を当て、そのすぐれた「脳力」にさまざまな角度から迫ります。

第3章

ナメクジは賢い！

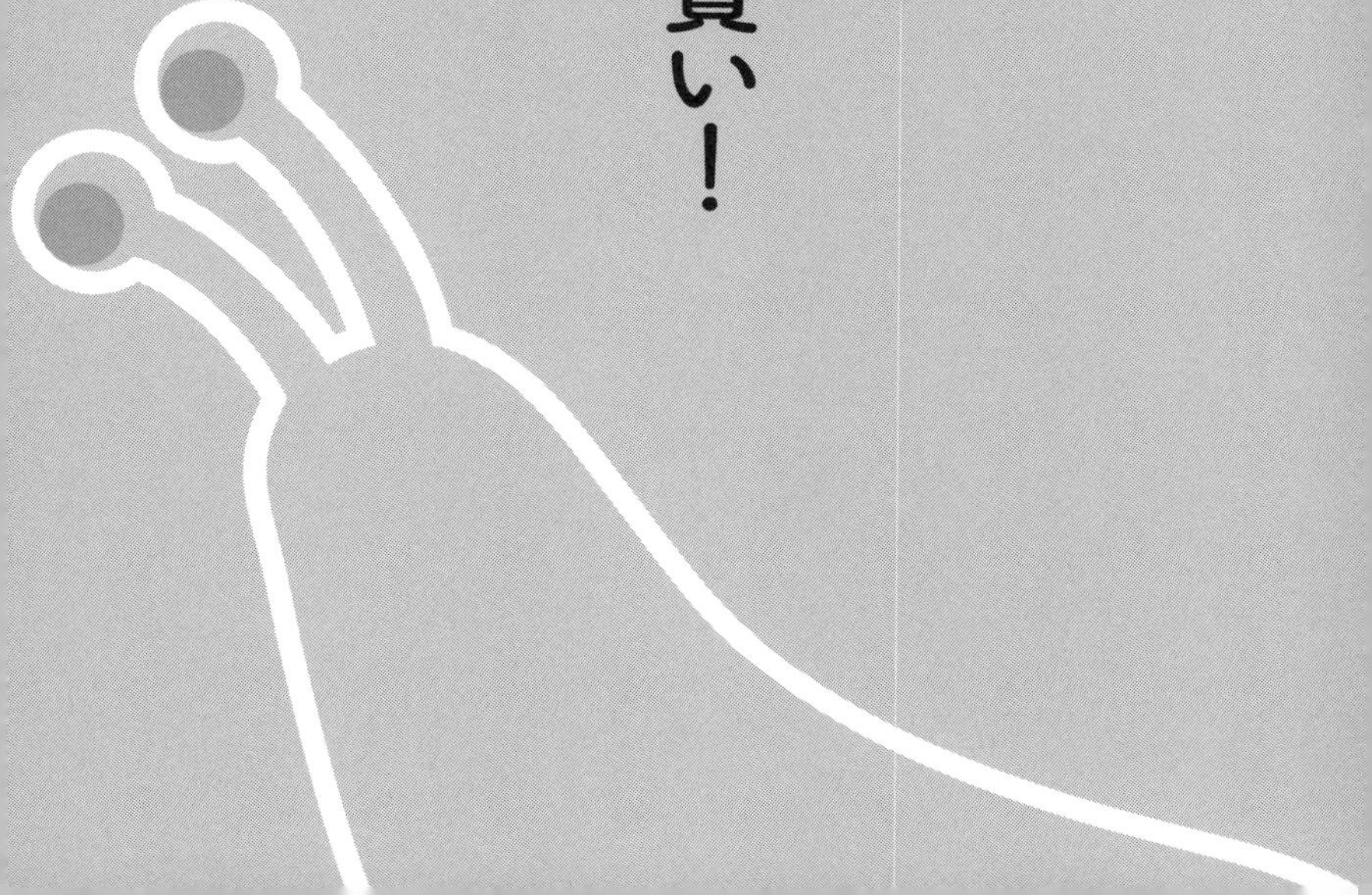

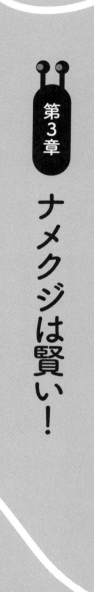

ナメクジは学習する

連合学習ができるナメクジ

1975年、米国プリンストン大学のアラン・ゲルペリン（Alan Gelperin）は、米国科学雑誌『サイエンス』に、ナメクジがある種の学習ができることを発表しました。「学習」といっても、ヒトが学校や家庭でおこなう学習をイメージされるとわかりづらいかもしれません。

ここでいう**「学習」とは、なんらかの経験によりその後の行動が変わること**を意味します。われわれヒトだと、日本史の授業を聞くのも教科書を読むのも「学習」と呼ばれますが、動物を用いた研究では、行動が変わらないことには、ものを覚えたかどうか実験者が確認できませんので、「学習」の定義が通常とは少し違います。

一方、いわゆる本能は、その動物が生得的に持つ性質であり、学習により獲得されたものではありません。後述のように、ナメクジが明るい場所を避ける行動をするとか、重力に逆らって上に登る傾向がある、といった性質は生まれながらに持っており、生活しているあいだになんらかの経験をしたことで得られた性質ではありません。

さて、ゲルペリンが用いたナメクジはチャコウラナメクジではなく、最近日本で侵入が危惧《きぐ》されている外来種であるマダラコウラナメクジ（Limax maximus）です。このナメクジはとにかくサイズが大きいので、いろいろと実験に使いやすいようです。

実験では、はじめて食べるエサ（ここではマッシュルーム）を食べてみたときに、ナメクジのいる庫内に二酸化炭素を吹き込まれると、それ以降、数週間にわたってそのエサを食べなくなる、ということが示されました。二酸化炭素を吸わされたナメクジがどのような気分なのかわかりませんが、不快な感覚は味わっているものと思われます。

一方、マッシュルームを食べてから3時間経過してから二酸化炭素が吹き込まれた場合は、マッシュルームを食べなくなる、ということは特にありませんでした。

一回の学習で数週間にわたって記憶を保持していることも示され、ナメクジは脳の神経細胞があまり多くないわりにけっこう賢い、ということが世界に向けて示されたのです。

マッシュルームを食べるタイミングと二酸化炭素を吹き込まれるタイミングを離した場合にはマッシュルームを避けるようにはならない、ということは、マッシュルームを食べてからだいぶ時間がたってから気分がわるくなった場合にはその原因をマッシュルームのせいにすることはない、ということを意味します。

因果関係に気づいて学習をするためには、原因と結果のあいだが、時間的にあまり空いていないことが必要なのです。このあたりは「賢い」といっていいのかむずかしいところですが、われわれ人間でも、生ガキのノロウイルスにあたった場合などは食べてから発症まで2日近くかかることが多いため、その因果関係にはすぐに気づくことができません。

2つの物事を結びつける学習は「連合学習」と呼ばれますが、マッシュルームを食べようとしなくなる、という学習を示したことから、この場合は**マッシュルームのにおいと二酸化炭素による悪心《おしん》（?）を結びつけた**ということになりましょう。

最近では、食べ物と二酸化炭素を組み合わせて学習させるのではなく、二酸化炭素の代わりにキニジン硫酸《りゅうさん》水溶液という苦い液体を用いることが多いです。

ナメクジがなにか野菜ジュースなどを飲もうとしたタイミングで、キニジン硫酸水溶液を口元に与えると、それ以降、その野菜ジュースには決して近づこうとはしません。実際はその野菜ジュースはナメクジにとっておいしいものだったはずなのですが、学習させられる際には、口に入ってくるキニジン硫酸水溶液の強烈な苦みに塗りつぶされて、本来の野菜ジュースの味はわからなくなっています。

こういった連合学習は、ほかの動物でも可能なことが古くから示されています。20世紀初頭、ロシアのパブロフが報告した「パブロフの犬」は最も有名な例でしょう。ここでは、なんらかの音（メトロノームの音など）を聞かせた後にエサを与える、ということをくり返していると、犬はその音を聞いただけで唾液《だえき》が出るようになる、という連合学習です。

脳が小さくても学習するハエや線虫

前出のアメフラシも、脳にはナメクジの10分の1以下の数（約1万個）のニューロンしかないにもかかわらず、ある種の連合学習が可能です。

図11 アメフラシの体

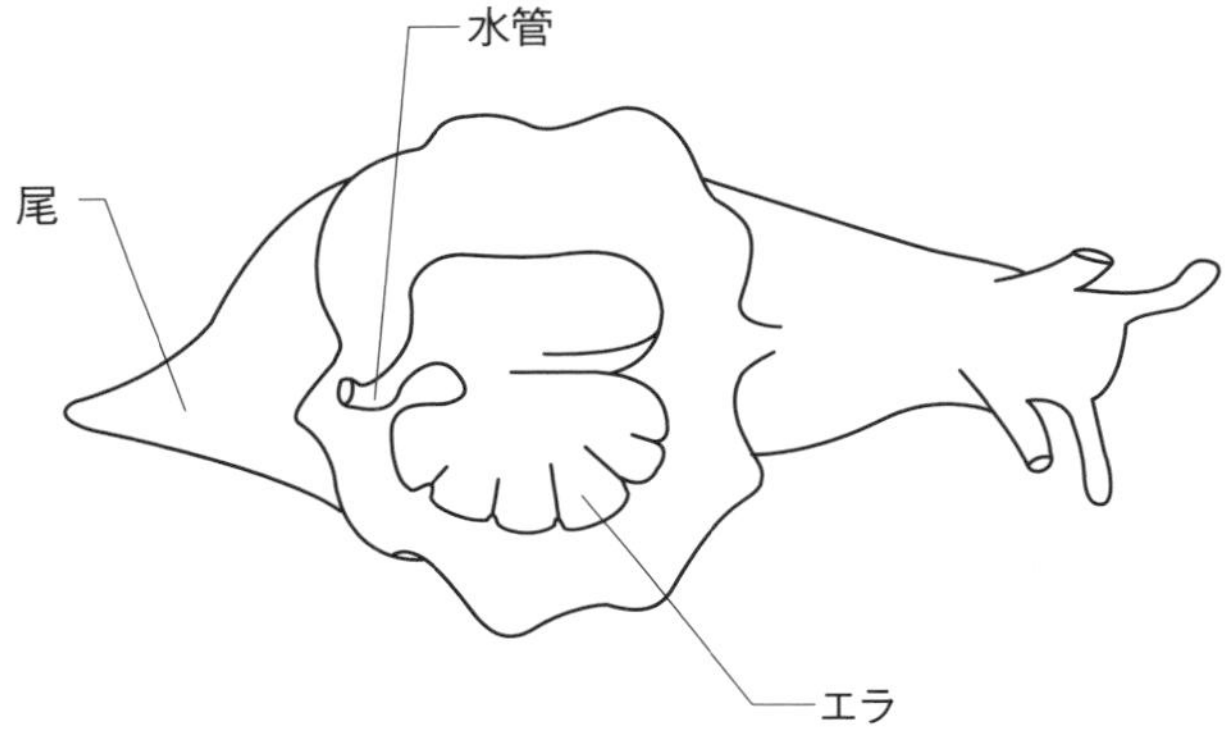

アメフラシは水棲《すいせい》の軟体動物なので、背中の部分にエラと、エラに新鮮な海水を送り込むための水管を持っています（図11）。エラは重要な器官なので、外部からの攪乱《かくらん》刺激から守る必要があり、エラの近くの水管に物理的な刺激が入るとエラを少し引っ込めます。

そして、水管に刺激が入る直後に尾などにもっと強い別の刺激が加えられると、さらにエラを強く引っ込めます。この操作をくり返すと、それ以降、かなり長期にわたって水管への刺激だけでもエラの引っ込め応答が強くなります。これも、水管への刺激と尾への強い刺激が連合した結果であるといえます。

つまり、**水管への弱い刺激が、つづいてやってくる尾への強い刺激の前触れとみな**

されるようになる、という学習だといえます。

キイロショウジョウバエという名の小型のハエは、古くより遺伝学の材料として使われてきていますが、この動物も連合学習ができます。

円筒形の容器の両側から異なるにおい物質を出しておき、一方の端に近づくと電気ショックがくる、という装置にハエを入れておくと、そのうち電気ショックがくる側のにおいには近寄らなくなります。その**においと電気ショックという嫌な刺激を結びつける学習が成立した**のです。

また、遺伝子工学的な実験にしばしば用いられる線虫《せんちゅう》は、ニューロン自体を300個程度しか持たないのですが、それでもある種の連合学習が可能です。

線虫はもともと薄い塩気（NaCl）が少し好きなのですが、NaClを含む培地《ばいち》上で飼う際にはエサであるバクテリアを与えない、という条件で飼育されると、それ以降、NaClのある培地の領域には近づかなくなります。

つまりNaClがあるということが、その付近にエサがないことを予見させるようになった、といえます。**経験によってNaClがあることと、エサがないことが線虫のなかで結**

びついたわけです。経験によって行動応答が変化した、という点で、これも学習の一種だといえます。

このように、ナメクジよりも脳のニューロンがはるかに少ない動物でも、連合学習ができるわけです。**２つの刺激を結びつけて行動変化につなげる、といういとなみは、脳神経系を持つ動物であれば必ずできないといけない、必要不可欠なもの**だといえましょう。

しかし、ナメクジがすごいのは、一回の学習（連合）だけで非常に長期間にわたる記憶を形成できることです。線虫やアメフラシ、そしてハエなどでは、記憶が成立するために複数回のくり返し学習が必要であるうえ、どれも数時間から数日以内しか記憶を保持できず、すぐに忘れてしまいます。

ところが筆者らの経験では、**ナメクジは最長で２ヵ月くらい「まずかったもののにおい」を記憶しています**。ナメクジの寿命が1～2年程度であることから考えると、一発で覚えたことを、けっこう長く覚えているといえるのではないでしょうか。

また、嫌いになるのは学習したにおいだけで、**嫌な刺激が与えられる直前に嗅《か》いだに**

おい以外は嫌いになることはありません。

先述のマッシュルームの例でいえば、別途食べているポテトについては、「マッシュルーム＋二酸化炭素」によりマッシュルームが嫌いになった後も、普通に食べています。

犬並みの高度な論理学習もできる

さらに驚くべきことに、ゲルペリンらはナメクジが「二次条件づけ」や「ブロッキング」と呼ばれる高次の学習ができることも示しました。

「二次条件づけ」とは、パブロフの犬の例でいえば、メトロノームの音とエサがもらえるということを連合させた後、つづいて特定の視覚刺激（黒い四角模様など）とメトロノームの音を組み合わせて提示することをおこなうと、犬はやがて黒い四角模様を見せられただけで唾液が出るようになる、という学習です。

ある種の「連想」のようなものとも見なせ、多くの脊椎《せきつい》動物でこのような「二次条件づけ」が可能であることが示されています。

図12 ナメクジが示す高次のにおい学習

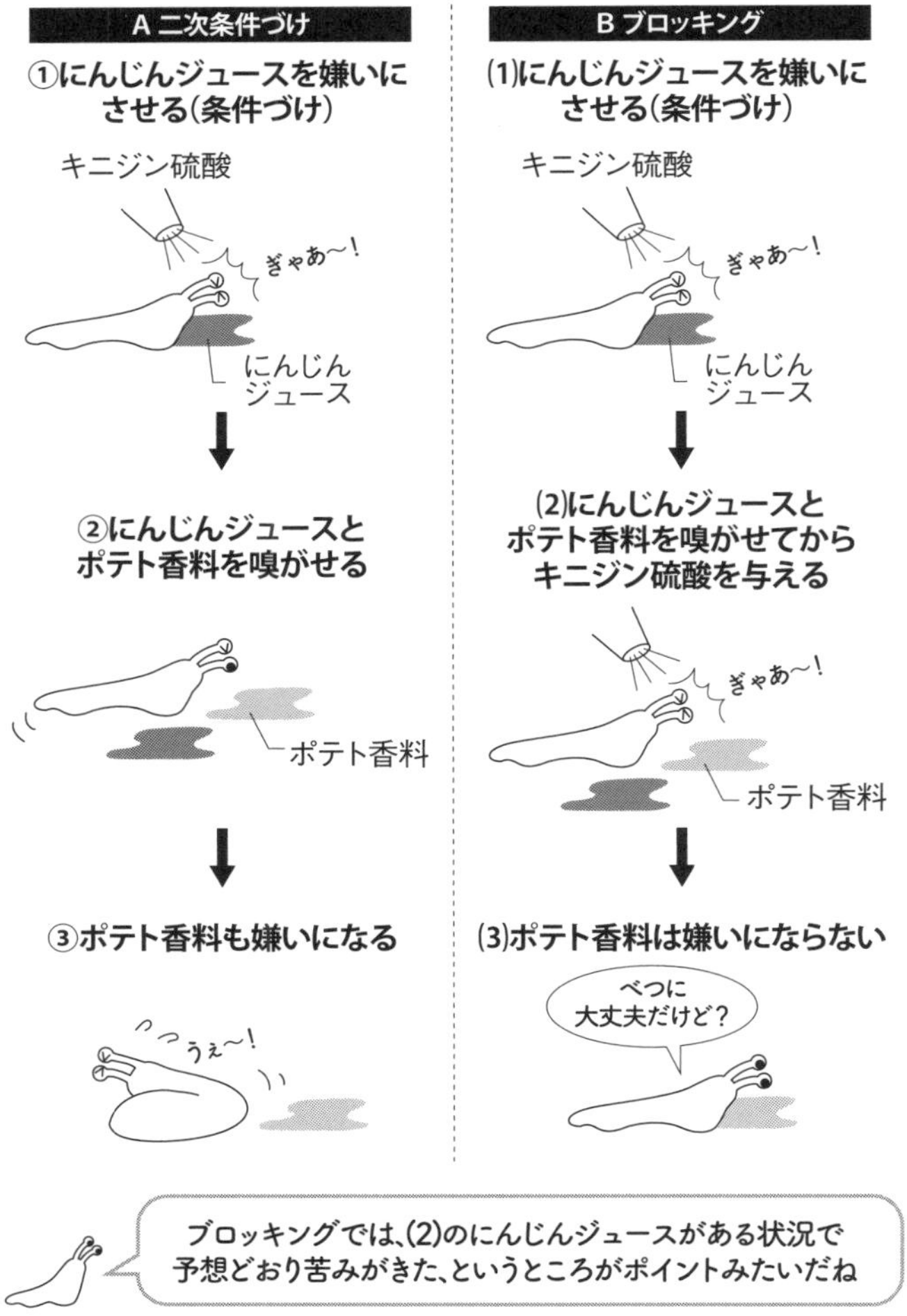
A 二次条件づけ
①にんじんジュースを嫌いにさせる(条件づけ)
キニジン硫酸
ぎゃあ〜!
にんじんジュース
②にんじんジュースとポテト香料を嗅がせる
ポテト香料
③ポテト香料も嫌いになる
うぇ〜!
B ブロッキング
(1)にんじんジュースを嫌いにさせる(条件づけ)
キニジン硫酸
ぎゃあ〜!
にんじんジュース
(2)にんじんジュースとポテト香料を嗅がせてからキニジン硫酸を与える
ぎゃあ〜!
ポテト香料
(3)ポテト香料は嫌いにならない
べつに大丈夫だけど?

ブロッキングでは、(2)のにんじんジュースがある状況で予想どおり苦みがきた、というところがポイントみたいだね

ナメクジではまず、にんじんジュースのにおいと、苦い味のするキニジン硫酸水溶液を組み合わせて与えることで、にんじんジュースのにおいを嫌いにします（条件づけ）。つづいて、にんじんジュースのにおいとポテト香料のにおいを同時に提示すると、ナメクジはポテト香料も避けるようになるのです。ポテト香料のにおいを嗅いだタイミングで直接的に苦い味を経験したわけではないにもかかわらず、です（図12A）。

「ブロッキング」では、「二次条件づけ」と似た手つづきで学習をおこなわせるのですが、すでに条件づけで嫌いになっているにんじんジュースのにおいとポテト香料を同時に提示する際にも、キニジン硫酸水溶液の苦みを再度体験させせます。すると、今度は「二次条件づけ」の場合と異なり、新たにポテト香料まで嫌いになってしまうことはありませんでした。

これは、**ナメクジが2回目ににんじんジュースのにおいを感じた時点で、苦い味がそれにつづいてやってくることが予見でき、新たにポテト香料まで嫌いになる学習をしない**、ということです。見方をかえると、2回目には、苦い味がしたのはあくまでにんじんジュースのせいであってポテト香料には罪がない、ということがわかっている、ともいえます。

こういった現象は、最初の学習が、次の別の要素（ポテト香料）に対する新たな学習をブロックした、という意味で「ブロッキング」と呼ばれており、多くの脊椎動物で報告されていました（図12B）。

このように、**ナメクジのようなニューロン数の少ない脳を持つ動物でも、**ちゃんと「二次条件づけ」や「ブロッキング」といった、におい同士の関係性を理解できないと遂行《すいこう》できないような、**複雑なロジックを含む論理学習ができる**ことが示されたのです。

ナメクジに五感はあるか

ナメクジにある感覚、ない感覚

ナメクジにも、われわれヒトと同じ五感と呼ばれる感覚が揃っているのでしょうか？

ヒトの五感といえば、一般に、視覚、聴覚、体性感覚（触覚、痛覚、温度感覚など）、味覚、嗅覚を指します。このほか、平衡覚《へいこう》（重力感覚）などを体性感覚と分けて考える場合もあります。ひとつひとつ簡単に見ていきましょう。

【視覚】

ナメクジは夜行性であるため、ヒトに比べると視覚に頼った生活はあまりしていないようです。ただ、大小二対ある触角のうち、大触角の先端に眼がついており、おもにここで光を感知しています（33ページ図４）。

光を感知するしくみについては、第４章で解説します。

【聴覚】

われわれヒトを含む哺乳類は、発達した聴覚を持っています。音、つまり空気の振動は個体間コミュニケーションや外敵の察知に利用されていますが、可聴周波数（聞こえる音の高さ）は動物によって異なります。コウモリは、ヒトに聞こえないような高い音を使って獲物《えもの》を捕らえています。

これに対しナメクジは、はたして音が聞こえているのかすら、まったくわかりません。「聞こえていない」という確証を得るのはむずかしく、聞こえている可能性を完全に否定することはできていないのですが、先述のように、筆者らが行動を観察しているかぎりは、ナメクジがわれわれに聞こえている周波数帯の音を聞いているようにはまったく見えませんし、音が聞こえているという報告も見当たりません。

【体性感覚】

触覚については、間違いなくあります。ピンセットで強くつままれたときに身をよじって逃《のが》れようとする様子や、背中から麻酔を注射された直後、びっくりしたようにマントルをめくれ上がらせる様子を見れば、痛覚があることは明らかです。

また、触角の先端部を指先のように使うことで、自分のすぐ前にある物体を探ることもします。カタツムリが触角を少しさわられただけで敏感に引っ込める様子を思い出してもらえれば、わかりやすいと思います。

【味覚】

口内から脳へ情報を伝える感覚神経が確認されており、これはおそらく味覚の情報を伝えていると推定されています。キニジン硫酸水溶液の苦みも、果物の甘みも、このような神経を介して脳へと情報伝達されているものと思われます。

【嗅覚】

嗅覚は、外界の様子をモニターするための最も重要な感覚です。基本的に夜行性の生活をしているナメクジにとって、ヒトほど多くの情報を眼から得ることは期待できません。また、耳も持ち合わせていない模様です。

そこで、**空気中を漂う化学物質を「鼻」でとらえることで、自分の周囲の様子を探ることになります**。「鼻」に相当する器官は大小二対の触角先端部にあり、ここでにおい分子を受容し、脳へと情報を伝達します。

後述のように、嗅覚情報処理をおこなう中枢《ちゅうすう》が脳にあり、この部分が脳の中で非常に大きな体積を占めていることからも、ナメクジにとっての嗅覚の重要性がわかります。

【平衡覚】

ヒトでは耳の奥の内耳《ないじ》の前庭《ぜんてい》にある卵形嚢《らんけいのう》、球形嚢《きゅうけいのう》と呼ばれる部分で重力方向を感知しています。ここにある炭酸カルシウムの結晶《けっしょう》が重力に引かれることを利用して、ヒトは重力の方向を感知することができるのです。

ナメクジでも似た原理で重力方向を感知していると思われ、脳内に左右一対ある平衡《へいこう》胞《ほう》が、前庭に相当する器官です（50ページ図9下）。平衡胞の中にも前庭と同様に、炭酸カルシウムの結晶の存在が認められています。

動物が外界からの刺激に対して方向性のある運動をおこなうことを走性《そうせい》といい、ガが灯火に集まる光走性《ひかりそうせい》などはその一種です。

ナメクジやカタツムリも、弱いながらも負の重力走性《じゅうりょくそうせい》、つまり**上に登ろうとする本能的な性質を持っています**。この性質には平衡胞が必要であると考えられています。

視覚、触覚、嗅覚を感知している大触角

こうして見ると、ナメクジが外界をモニターする際、大小の触角が非常に重要な器官で

あることがわかります。特に、**大触角は視覚、体性感覚（触覚）、嗅覚の3つを担当している**ことになります。

さらにいえば、**触角は単なる感覚器官ではなく、ここに「神経節」と呼ばれるニューロンの集合体も含まれています。**つまり、**触角先端から得た感覚情報は、そのまま脳へと伝達されるのではなく、（少なくとも嗅覚情報については）触角神経節においてある程度情報処理されてから脳へと伝えられる**わけです。

情報処理されている、というとむずかしく聞こえますが、ヒトの視覚情報も、脳に伝えられる前に眼の網膜《もうまく》にあるニューロン間で情報伝達がなされることで、コントラストの検出など簡単な情報成分が抽出《ちゅうしゅつ》された後、脳へと伝えられていきます。

ナメクジの触角神経節には感覚ニューロンだけでなく、インターニューロンも含まれており、このため触角は単なる感覚器官ではありません。少なくとも嗅覚の情報については、触角神経節である程度処理されているものと思われます。

一方、視覚情報は触角神経節を通らずに脳へ直接伝えられます。

なお、触角先端で受けた体性感覚情報が、どの程度触角神経節で処理を受けるのかはまだほとんどわかっていません。

ナメクジの記憶はどこにあるのか

ヒトの海馬に似た役割を持つナメクジの前脳葉

触角先端にある嗅上皮《きゅうじょうひ》（においの分子を結合する嗅細胞が並んでいる表面。ヒトでは鼻《び》腔《くう》にある）で受容したにおい分子の情報は、その大部分が触角神経節を経由した後、脳の前脳葉と呼ばれる高次の嗅覚中枢へと伝えられます（図13）。**この前脳葉は、脳に含まれるニューロンの半分くらい（10万個程度）を占めている**とされており、ナメクジがいかに嗅覚情報を重視しているかが、このことからもわかります。

前脳葉ではヒトの脳波のような神経活動が記録されますが、学習により嫌いになったにおいを嗅《か》ぐと、脳波に変化が見られます。脳波は脳のニューロン集団の活動を示すもので、脳波の変化は、そのにおいを嗅いだナメクジの脳が「嫌だな」などと感じ、「ここから逃

図13 前脳葉の構造とにおい情報の流れ

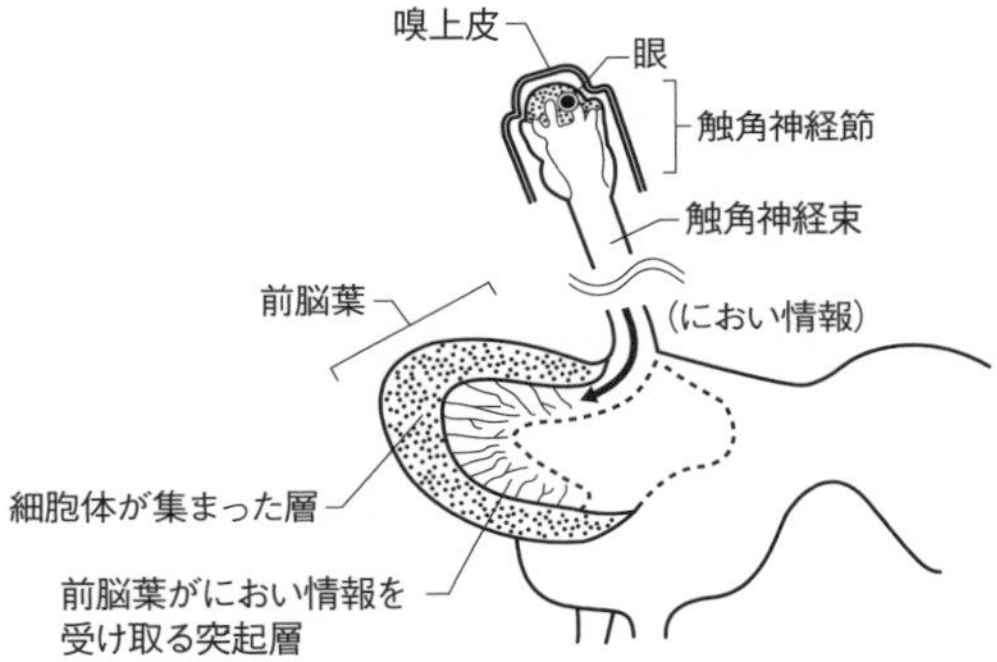

嗅上皮で検知したにおい情報の多くは、触角神経節をへて、前脳葉の突起層に伝えられる

げよう」とか「進むのをやめよう」といった行動変化にいたる意思決定を反映したものだといえましょう。

また、**前脳葉をピンセットで破壊した場合**、本能的に嫌いなにおいからの逃避など、基本的なにおい情報の処理はなんとかできているようなのですが、**学習により嫌いになったにおいのことはすっかり忘れてしまいます。**

つまり、にんじんジュースをキニジン硫酸水溶液と組み合わせることで嫌いにさせる学習をさせても、その後で前脳葉を破壊されてしまうと、何事もなかったかのように、にんじんジュースを食べにいってしまうのです。

つまり、せっかくの記憶が失われてしまうわけです。

学習前に前脳葉を破壊した場合には、キニジン硫酸水溶液と組み合わせることで生じるにおい学習そのものが成立しなくなります。したがって、**におい学習には少なくとも前脳葉の存在が必要**であることがわかります。

ヒトでは、脳の側頭葉《そくとうよう》に存在する海馬《かいば》と呼ばれる部分が、記憶の形成や読み出しに関わっています。この部分が左右両方とも破壊されると、もはや新しいことを覚えることができなくなりますし、破壊される少し前に覚えたことも忘れてしまいます。また、海馬でも脳波のような神経活動が記録されることがわかっています。

ナメクジの脳には海馬はありません。しかし、こういった点から、**ナメクジの前脳葉は**、におい記憶に特化しているものの、**機能的には哺乳類の海馬と似た役割をになっているといえましょう**。

では、前脳葉よりも先ににおい情報の処理をおこなっている触角神経節は、この学習に必要ではないのでしょうか？　つまり、**ナメクジの記憶は前脳葉のニューロンのあいだにのみ保持されているのでしょうか？**

触角は脳の出先機関？

第４章でくわしく述べますが、触角は、切断されても放っておくと勝手に再生することがわかっています（それほど重要な器官なのです！）。

そこで、におい学習をさせた後、４本の触角をすべて切断し、時間がたって再生した段階でにおいを覚えているか確かめました。これは、ヒトでたとえるとすれば、**見て覚えた他人の顔などの記憶を、くりぬかれた後に再生した眼で見ても思い出せるか**、という問題にたとえられるかもしれません（もちろんヒトの眼は再生しませんが）。

しかしながら、ナメクジは触角を切られる前のにおいはまったく覚えていませんでした。一方、触角を切られなかったナメクジは、ちゃんと覚えていました。

これはつまり、**におい記憶を思い出すには、覚えるときに使った触角そのものの存在が重要である**ことを意味しています。おそらく、においの記憶は、脳の前脳葉だけでなく、触角神経節にまでまたがるニューロンネットワークのあいだに保持されているのでしょう。

この意味でも、**触角は**単なる感覚器官ではなく、記憶などの嗅覚情報処理機構の一端をになう**脳の出先機関のような器官**であるといえましょう。

記憶は触角にも保存されている！

「覚えるときに使った触角を、思い出すときにも使う必要がある」というのは、ナメクジの近縁種であるカタツムリを用いてドイツのグループがおこなった実験（Friedrich and Teyke, 1998）でも示されています。

この実験では、にんじんジュースのにおいを好きにさせる学習をおこなっています（図14）。特定の触角だけに麻酔をうまくかけることで、最初に左の大小触角だけを使ってにんじんジュースのにおいを覚えさせ、思い出させる際には右の大小触角だけを使わせるようにしました。

するとやはり、カタツムリは好きになったはずのにおいを思い出すような行動を示しませんでした。ここでも、**においを覚えるときに使った触角を用いないとそのにおいを思い出すことはできなかった**のです。

図14 触角と記憶のふしぎな関係

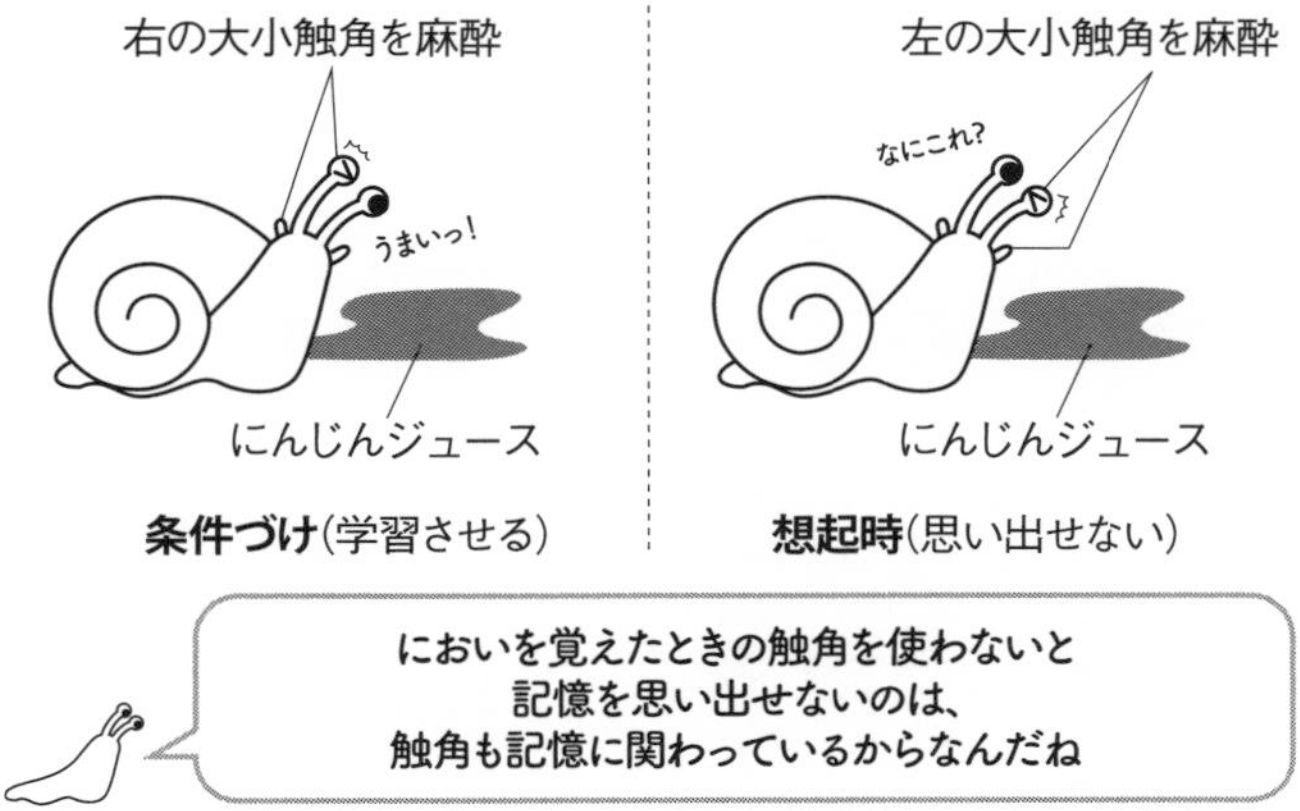
右の大小触角を麻酔
うまいっ！
にんじんジュース
条件づけ（学習させる）
左の大小触角を麻酔
なにこれ？
にんじんジュース
想起時（思い出せない）
においを覚えたときの触角を使わないと
記憶を思い出せないのは、
触角も記憶に関わっているからなんだね

われわれヒトの場合、眼をつむった状態において右手でさわって覚えた物の形などは、左手でさわっても通常は思い出すことができるでしょう。ヒトでは、右手から得た感覚情報は左の大脳へと伝えられますが、左右の脳は脳梁《のうりょう》を介してつながっているため、左手で同じ物をさわったとしても、それが同じ物であることが理解できます。

同時にこのことは、ヒトでは記憶自体が手のひらではなく脳内のニューロンネットワークのみに保持されているということも意味しています。

しかし、ナメクジやカタツムリでは記憶が脳（前脳葉）以外に、触角にあるニューロンにも保持されているため、覚える際に使った触角にある触角神経節を、思い出す際にも再び使うことが不可欠なのです。

もしヒトの脳以外に記憶が存在するとしたら

われわれヒトでは、記憶の痕跡《こんせき》はもっぱら脳内に刻まれていると考えられており、脳以外の神経系に記憶が保持されている、というのはイメージしにくいと思います。

しかし、ウミウシなどの動物でも、脳以外の部位にあるニューロンのあいだで記憶が保持されている例が知られています。

このように、**ヒトでは脳の役割とみなされる記憶などの機能を、脳以外の神経部位に振り分けているような動物が存在する**ことを思うと、臓器移植を考える際に避けて通ることのできない**「脳死はヒトの死か」という問題が持つむずかしさに気づかされます。**

なお、ナメクジには大小二対の触角がありますが、においの学習に大小いずれの触角を使っているのでしょうか？

大小の触角は、長さはだいぶ違いますが、眼の有無を除けばそっくりな内部構造をしています。じつは、においを嫌いになる学習は、大触角のみしか使わなくても（あるいは小触角のみしか使わなくても）覚え、思い出すことができます。

また、大小二対のすべての触角を使って覚えたことは、そのあと小触角対のみ、あるいは大触角対のみになったとしても思い出すことができます。

したがって、**覚える際に使った触角が一対でも残っていれば、ナメクジはその記憶をちゃんと思い出すことができる**わけです。つまり、においを嫌いになる学習に限っていえば、触角を二対持つナメクジは、余分に触角を備えていることになります。

それほど、まずいもののにおいを覚える学習は、ナメクジにとって重要ないとなみなのだろうと思います。

いろいろな学習ができるナメクジ

つらい立場に置かれて苦悩することも

ナメクジは、食べ物のにおいを嫌いになる学習だけでなく、好きになる学習もできます。これまでに食べたことのない食べ物を食べてみておいしかった場合、次回以降、そのにおいのする場所へより速く近づく、というものです。

これも、経験によって以降の行動が変化するわけですので、ある種の「学習」だといえます。先述の「においを嫌いになる学習」において、キニジン硫酸水溶液を与えることをせず、そのままにんじんジュースなどを飲ませてやるだけで成立します。

到達速度が速くなる、というのを毎回確実に再現するのはやや技術的にむずかしく、「においを嫌いにする学習」のほうが実験としてはやりやすいですが。

また、**嗅覚とは関係のない学習もできます。**

ナメクジは暗い場所を好む性質（負の光走性）があり、暗い部屋と明るい部屋のあいだを自由に行き来できるようにすると、ほとんどのナメクジは暗い部屋へと移動します。

しかし、暗い部屋に入ったタイミングでキニジン硫酸水溶液をかけて痛い目（苦い目？）にあわせると、次回以降、暗い部屋に行くまでの時間が長くなります（次ページ図15）。暗い部屋に入ったときの嫌な記憶がよみがえるのかもしれません。

明るい部屋にはいたくないが、かといって暗い部屋に入ると痛い目にあう、という状況で、なんともつらい立場に置かれて迷っている様子は、見ていてよくわかります。

ちなみに、ナメクジが「迷っている様子」というのは、先述の「においを嫌いにする学習」をしたナメクジでも見ることができます。

筆者の研究室では、覚えさせる野菜ジュースを暗い場所に置き、ナメクジが暗い場所を好む性質を利用してジュースに向かわせます。そして、野菜ジュースを食べてみようとしたタイミングでキニジン硫酸水溶液を口元にかけることによって、この野菜ジュースのにおいを嫌いにさせます。

図15 暗い場所で痛い目にあうと、次回からなかなか入らなくなる

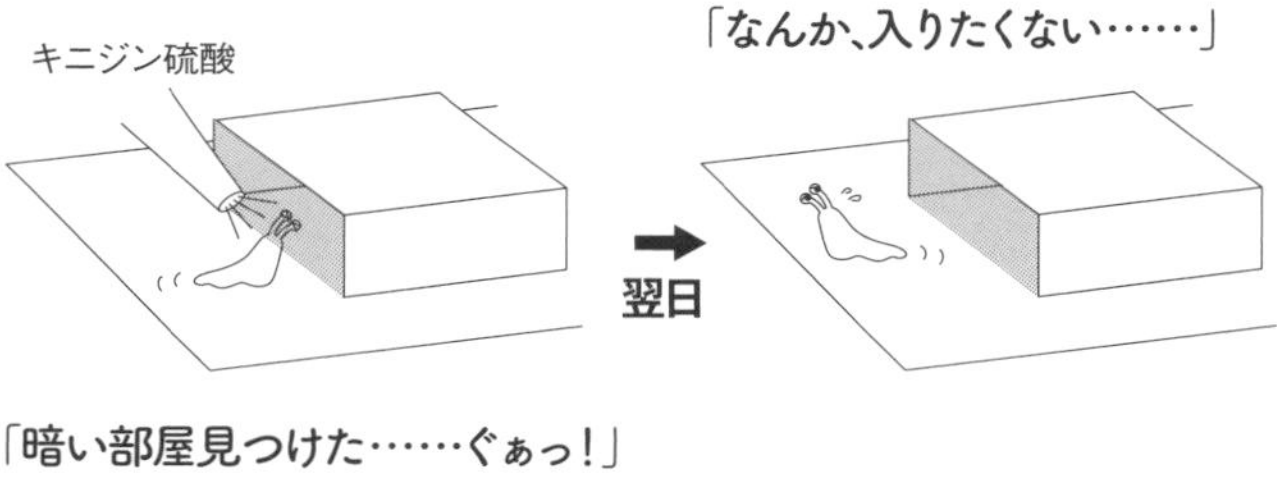
キニジン硫酸
「なんか、入りたくない……」
翌日
「暗い部屋見つけた……ぐぁっ！」

図16 前方の暗い場所に置かれたにんじんジュースに気づき、進むのをやめようかと苦悩するナメクジ

するとそれ以降、その野菜ジュースが同じように暗い場所に置かれていてもナメクジは近寄ろうとはせず、明るい場所に戻ろうとします。

しかしその一方で、本能的に明るい場所も嫌いなので、学習済みのナメクジは、暗い側に進むことも、明るい側に進むこともできなくなります。**暗い側と明るい側を行ったり来たりする様子は、そのままナメクジが迷っている姿です**（図16）。

実験をしていると、彼らが葛藤《かっとう》し、苦悩する様子が手に取るようにわかります。

学習にはシチュエーションも関係

ナメクジに近縁なカタツムリでは、胴体前側への軽い触刺激によって引き起こされる大触角の引っ込め反応が、尾部へ強い電気ショックを受けた後で強まる、という行動変化が見られます。先のアメフラシにおけるエラ引っ込め連合学習に似た学習です。

しかしながら、このような反応の増強は、電気ショックを与えられた際にカタツムリがいた場所の触感（テクスチャー）が同じでないと観察されない、ということが報告されています。

ざらざらした床の上にいる際に電気ショックを受けた場合、その後、同じざらざらした床の上で触刺激を受けると強い大触角引っ込め反応をするのですが、つるつるした床で触刺激を受けても弱い反応しか示しません。

つまり、カタツムリが触刺激に対して過敏になるような行動変化は、その際に置かれた環境（床面の手ざわりや周囲にただようにおいなど）に依存しており、まったく違うシチュエーションに置かれると思い出すことができないのです。

われわれヒトでも、同じような経験があると思います。筆者が子供のころ、いつも学校の購買部で物品を売ってくれているおばさんが、夏休み中の市民病院で白衣を着てカルテ運びをしているところに遭遇《そうぐう》したとき、顔はたしかに見たことがあるのに、それがいったいどこのだれだったかを思い出せませんでした。

学校の中であれば、仮に白衣を着ていたとしても、きっと思い出せたでしょう。シチュエーション（＝文脈／コンテクストと呼ばれることがあります）が違いすぎると、なんでもないことが思い出せなかったりするものです。

以上のことから、ナメクジやカタツムリは、単に２つの刺激を組み合わせるような学習だけでなく、学習した際の周囲の雰囲気、環境、文脈、といった複合的ともいえる要因を含めた学習もできる、ということがいえそうです。

こういった学習には脳のどの部分が関与しているのか、まだわかってはいません。

第4章

人間をはるかにしのぐ
ナメクジの「脳力」

壊されても勝手に再生する驚くべき再生能力

ピンセットで潰したはずの前脳葉が1ヵ月で再生

ナメクジが食べ物のにおいを嫌いになる学習には、前脳葉《ぜんのうよう》と呼ばれる脳の一部分が必要であることを、前章で述べました。ピンセットでこの部分を壊してしまうと、におい学習ができなくなります。

ところが、壊してからそのまま1ヵ月ほど飼っていたナメクジは、こういったにおい学習を難なくこなせるようになることがわかりました。これには筆者も驚き、いったいなにが起こっているのか解剖《かいぼう》して調べてみました。

すると、**1ヵ月前にピンセットで潰したはずの前脳葉が、小さいながらも再び元の構造を取り戻していたのです。**前脳葉の表面から記録される脳波も、正常なものに戻っていました。

どうやら破壊された前脳葉では、どうにかして使える嗅覚中枢《ちゅうすう》を急いで再構築したらしいのです。

前脳葉は半球形で、分厚い層状に並んだインターニューロンの集合体です。外側に10万個ほどのニューロンの細胞体部分（核のある部分）がびっしりと並んでおり、そこから内側に向けて突起を伸ばしています（79ページ図13）。

ヒトの脳で最も大きな部位である大脳《だいのう》も、外側（頭蓋骨《ずがいこつ》に近い側）に細胞体部分の集まった灰白質《かいはくしつ》、内側に神経突起部分が集まった白質《はくしつ》があります。

したがって、ナメクジの脳の中では、**前脳葉はいわば最もヒトの大脳に近い構造**であるといえ、実際、高次の情報処理をになっているという点ではたがいに似た役割を果たしているといえます。

こういった**脳らしい脳の部分が、壊されても勝手に再生する、というのは驚き**でした。ただ、前章で述べたように、多くの神経組織を含む触角も、切られてから自発的に再生することを考えると、ナメクジの脳にそのような能力があってもおかしくないと思えます。

ひるがえって、ヒトの脳はどうかといえば、きわめて限定的な再生能力しかありません。転んで膝小僧をすりむいたなら、皮下にある細胞が分裂《ぶんれつ》して創傷《そうしょう》部位を修復します。しかし、脳の血管が破れたり詰まったりする**脳卒中《のうそっちゅう》が原因でニューロンが死滅すると、再び補充されることはほとんどありません。**

重度の脳卒中からヒトが回復するケースも見られますが、これはもっぱら、生き残っているほかの脳部位が機能を肩代わりすることによるものだと考えられています。

日常生活のなかでは、加齢のほか頭部への衝撃や飲酒などにより脳のニューロンは徐々に減っていきますが、新たに補充される数はごくわずかですので、生きているあいだには全体として減っていく一方です。

では、なぜナメクジの前脳葉は再生できたのでしょうか。

緊急時はニューロン新生が大幅にスピードアップ

ナメクジの前脳葉では、大人になっても新しいニューロンがつくられつづけています。

前脳葉の先端部にニューロンを新生しつづける部分があり、ここにある幹《かん》細胞（分裂能力を維持しながら分化した細胞をつくりつづけることができるおおもとの細胞）がゆっくりと分裂をつづけることで、**生きているあいだに前脳葉はほんの少しずつ大きくなっていきます。**

これは、ロシアのバラバン（Balaban）らが１９９８年にカタツムリで最初に発見した非常に興味深い知見です。

しかし、ヒトの成人の脳では、記憶をつかさどる海馬《かいば》の部位でほんの少しのニューロン新生が起こっているのみで、脳全体から見ればごくわずかな割合でしか新しいニューロンがつくられていません。

マウスでは、海馬以外に、脳室下《のうしつか》帯《たい》と呼ばれる部位で新しくつくられるニューロンが、におい情報処理に関わる脳部位である嗅球《きゅうきゅう》に組み込まれつづけることが知られています。

いずれにせよ、これだと大規模な損傷により失われたニューロンを補充するには不十分でしょう。ヒトでも、脳卒中の後にニューロンの新生をスピードアップする能力がわずかに残っていることがわかっていますが、失ったニューロンを補ったり、新生ニューロンにより機能を回復することはとうていできません。

ところがナメクジでは、前脳葉が破壊されると、残った幹細胞がニューロンの新生を大幅にスピードアップして、1カ月ほどで、小さいながらも元の前脳葉を再構築するのです。

嗅覚情報を重視するナメクジにとって、脳のニューロンのおよそ半分を占める前脳葉は非常に重要な中枢です。**ふだんから恒常的におこなっているニューロンの新生をスピードアップさせて、緊急時に利用する**、というのは理にかなった戦略だといえます。

われわれヒトにとっては、ぜひとも手に入れたいすぐれた能力だといえましょう。

ただし、再生すると記憶はリセット

しかしながら、第3章で述べたように、記憶は前脳葉と触角神経節にまたがった形で保存されているため、**学習した後で前脳葉を破壊し、再生後に覚えているかテストしてみても、まったく覚えていません。**前脳葉の大部分のニューロンを失った後に再生したわけですから、当たり前のような気もします。

もし、脳卒中により記憶貯蔵に関与している脳部位にダメージを受けた場合、再び脳のニューロンを十分につくり出す能力をヒトが獲得したとしても、復活した人は以前の記憶がリセットされてしまった別人のように振る舞うだろうと思われます。

日常の生活のなかにおいても、**われわれヒトはニューロンの新生が低いレベルに抑えられているからこそ、記憶が長い年月のあいだ保たれ、同じ自分でありつづけられているのかもしれません。**

触角も切られて数週間で生えてくる

また第3章で少し述べたように、**大小二対ある触角に関しても、切断されてから自発的に再生します。**大小の触角のうち、特に大触角には視覚器である眼、におい分子を受容する嗅上皮《きゅうじょうひ》、そして触覚に関わる感覚受容器が備わっています（このうち小触角には眼がありません）。

感覚器官が集中した重要な器官であるため、触角を失うことはナメクジにとって危機的な状況です。そして実際、ナメクジの大小触角は、切断されても数週間たつとまた勝手に生えてきます。

再生した触角は、最初のものに比べるとやや小ぶりですが、眼や嗅上皮といった必要な要素はすべて揃っており、再生した触角を用いて新たに嗅覚学習をおこなうことも可能です。

ただし、**触角の再生ではまれにミスを起こすことがあり、再生した一本の大触角先端になぜか眼が2つも3つもできていることがあります。**

なお、切られた触角がどのような細胞分裂のプロセスをへて再生するのか、その詳細はまだよくわかっていません。

取り出されてもしつこく生きている脳

シャーレの中で脳まるごとを使った実験も

哺乳《ほにゅう》類の脳は、頭蓋骨の中から取り出すと、組織として長く生きることはありません。

これは、脳がその活動のために多量の酸素とエネルギーを必要とするためです。

もちろん、深部に栄養、酸素が十分に行きわたるような工夫や、温度（37℃を保つ）、そして微生物混入の防止など、厳密に条件を整えれば、脳の一部分を切り取ってきたものをシャーレの中で何日間か生かしておくことは可能です。

ただ、設備や衛生管理の点で容易ではなく、さらに脳まるごと、となると技術的にはまだ実現にはいたっていません。

一方、**ナメクジの脳をシャーレの中で生かしておくことは、とても簡単**です。取り出した脳は、酸性やアルカリ性になりにくいpH《ペーハー》緩衝液《かんしょうえき》にブドウ糖を少し加えただけの溶液中で、数日生かしておくことが可能です。

哺乳類とは異なって37℃にしておく必要もなく、4〜15℃くらいの低温の場所に置けるため、バクテリアや酵母《こうぼ》などの混入、増殖《ぞうしょく》による汚染をそれほど心配する必要もありません。

低温でも維持できる、というのはアメフラシなど他の腹足類《ふくそく》の脳神経系にも見られる特徴で、ひとつの強みだといえるでしょう。

脳が「生きている」というのは若干《じゃっかん》奇妙な表現かもしれませんが、これは脳を構成する

図17 **嫌なにおいを思い出した際に起こるマントルの収縮**

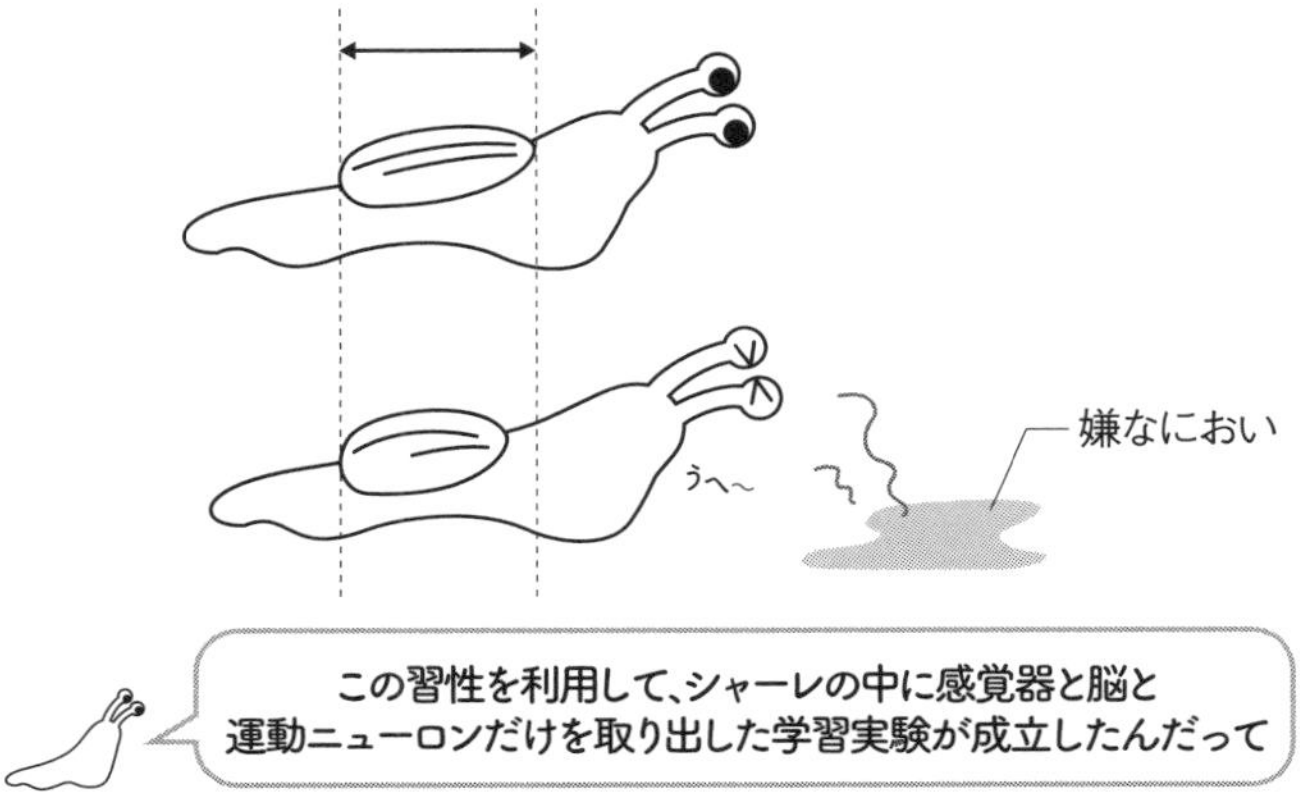
嫌なにおい
うへ〜
この習性を利用して、シャーレの中に感覚器と脳と
運動ニューロンだけを取り出した学習実験が成立したんだって

ニューロンが細胞として生きていて、取り出してきた脳から安定的に神経活動を記録することができる、ということを意味しています。

取り出された脳がシャーレの中でしばらく生きている、という性質は、さまざまな実験に利用可能です。

東京大学の井上ら（２００６）は、**触角と口をつなげたまま取り出した脳を用いても、ナメクジに嗅覚学習をさせることが可能である**ことを示しました。触角ににんじんジュースなどのにおいを与え、同じタイミングで口から脳へ向かう味覚の感覚ニューロンに電気刺激を与えることで、にんじんジュースのにおいと苦み刺激を組み合わせた連合学習を人工的に成立させる、というものです。

その結果として現れる忌《き》避《ひ》行動は、**ナメクジが嫌いなにおいに気づくと背中のマントルを縮める**、という行動（図17）に着目し、背中のマントルを動かす運動ニューロンの活動を指標としました。

シャーレに取り出した脳へ、触角へのにおい刺激と口からのニューロンへの電気刺激（＝苦み刺激）を同時に与えると、背中のマントル部分を動かす運動ニューロンがマントルを縮めようと激しく活動します。

以降、このにおい刺激だけで運動ニューロンが激しく活動するようになる連合学習を、シャーレの中で人為的に引き起こすことができたのです。

一部の感覚器官と脳全体を取り出して、シャーレ内で学習を成立させる、などといった芸当は、複雑かつデリケートな哺乳類の神経系では技術的にとうていマネできないものです。

ナメクジの神経系のシンプルさに加え、その頑丈さが、こういった研究で役に立っています。

ニューロンのDNAは倍々ゲームで増える

多くの動物の細胞は2倍体

体を構成している細胞はDNA、つまり染色体を両親から受け継いでおり、細胞内には各染色体が対《つい》で存在します。ヒトの場合、23種類の染色体があるので、細胞内には46本の染色体があることになります。このように、細胞が一組のDNAを持つ状態を「2倍体」と呼びます。

精子《せいし》や卵《らん》をつくる場合は、これを細胞分裂の過程で半分に減らし（減数分裂《げんすうぶんれつ》）、各染色体が1本ずつ、つまり23本の染色体しか持たない状態になります。これは「半数体」あるいは「1倍体」と呼ばれます。染色体の数が2倍体よりも増えることはありません。

1倍体の精子と卵が合体して2倍体の受精卵となるため、DNAは生命の長い歴史のなかで「2倍体」と「1倍体」の状態を毎世代、行ったり来たりしていることになります。

図18 遺伝のしくみ

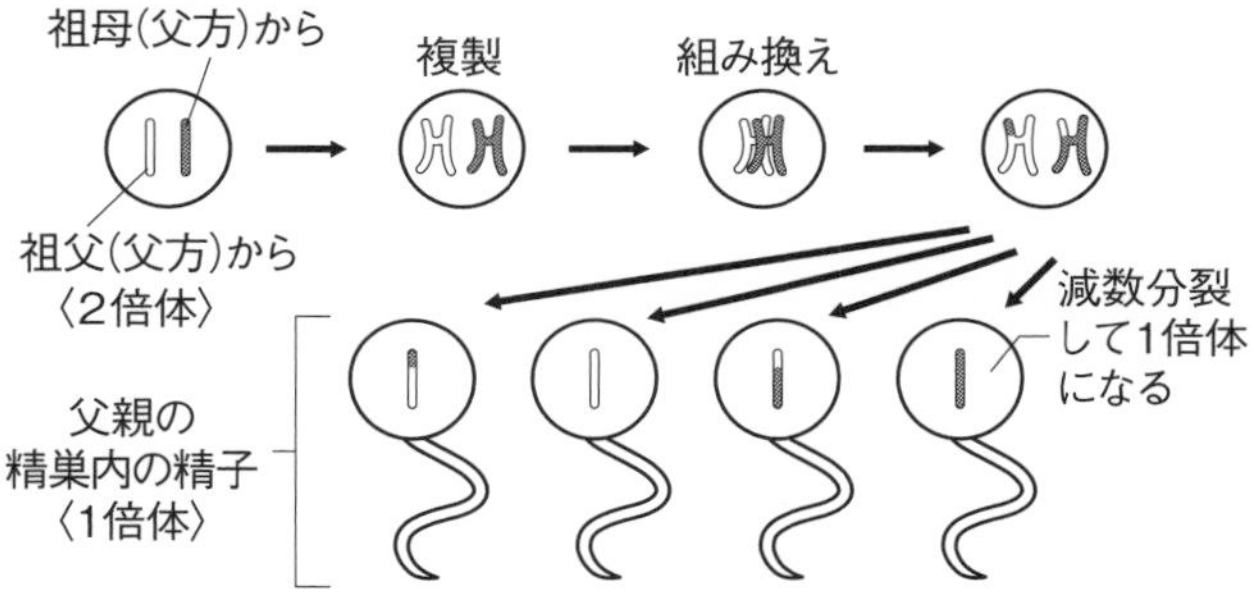

配偶子(この図では精子)形成の過程で染色体間で組み換えが起こり、さらに染色体ごとに別々に配偶子に配分されるため、配偶子間で持っている遺伝子のセットが異なる

*この図では、ヒトの23対ある染色体のうち1対しか示していない

1倍体の精子や卵がつくられる過程で、使われる染色体23本がランダムに選ばれ、また染色体のあいだで起こる組み換えによりそこに並ぶ遺伝子の組み合わせも変わっていくため、精子同士、卵同士でもそこに含まれている遺伝子のセットは異なることになります。

同じ孫同士でも、おじいちゃんと顔が似ている孫と、おじいちゃんの顔よりも手の形などが似ている孫がいたりするのはそのためです(図18)。

このように、多くの動物では精子や卵、およびそのもとになる細胞を除けばほぼすべての細胞において、DNAは2倍体の状態で存在しています。

１万倍体ものニューロンをつくるＤＮＡ増幅能力

　ナメクジの体のほとんどの部分も、基本的には2倍体のＤＮＡを持つ細胞から成ると思われます。しかしながら、**ナメクジの脳にはおそろしく多量のＤＮＡを核内に持つニューロンが、かなりの数存在して**います。これはいったいどういうことでしょうか？

　調べてみると、こういったニューロンは、もっぱら心臓やその他の筋肉組織の動きを指示している運動ニューロン（ないしは内分泌《ないぶんぴつ》ニューロン）で、ニューロンの体積自体も大きくなっていました。

　特に、体の大きなナメクジではニューロンの大きくなり方が顕著《けんちょ》で、大人になってから**エサをたくさん与えて太らせると、ニューロンの体積がどんどん大きくなっていく傾向**が見られました（ちなみにナメクジは、大人になってからでも、エサを与えられつづけると、１カ月半で体重が10倍近くになるまで太ることができます。これもある種、ヒトにはマネできない能力？かもしれません）。

話がちょっと横にそれますが、ナメクジのニューロンでこのような「ＤＮＡ増幅《ぞうふく》」が起こっていることに気づいたのは、10年くらい前のこと、あまり熱意のない配属学部生に、前脳葉の神経新生（この章の冒頭で述べた脳の再生の話）を調べる実験をやらせていたときでした。

細胞分裂で生じるニューロンを、新規に合成されるＤＮＡを組織化学的に可視化することで検出する解析《かいせき》をおこなっていました。顕微鏡をのぞきながら、

筆者「むむ？　このデカいニューロンの核に見えるシグナルはなんや!?」

学生「なんですかね」

筆者「これは新生ニューロンっちゅう感じやないな……」

学生「はあ……」

筆者「細胞分裂で入ったシグナル、という感じではないな。これ、もしかしたらかなり面白い現象を見てるかもしれんぞ!!」

学生「はあ……」

筆者「これはすごいかもしれん。ぜひもうちょっと追究してみよう！」

学生「あの……」
筆者「なに？」
学生「もう家に帰ってもいいですか……？」
筆者「…………」

とまあ、こんな調子だったのですが、そのときはアメフラシのニューロンで40年近く昔に報告されていたＤＮＡ増幅現象を知らず、ひとりで勝手にエキサイトしていました。結果的に学生のほうが冷静だったのかもしれませんね。

さて、話を本題に戻しますと、それでは、こういった大きなニューロンでなにが起こっているのでしょうか？

脂肪《しぼう》細胞のように、食べすぎたことで細胞内に脂質（脂肪滴）を蓄えて大きくなった、ということではありません。ＤＮＡの量を2倍体からスタートして次々と増やしていくことでＤＮＡ量を増大させ、その結果ニューロン自体を大きくしているのです。

その増え方は、ＤＮＡ全体を倍加させるという大胆《だいたん》なもので、4倍体、8倍体……と倍々に増やしていく方式です。

脳内の最も大きいニューロンでは、1万倍体を超えるものもありました。２の累乗倍ですので、正確には１万６３８４倍体（＝2^{14}倍体）ということになり、これは**2倍体からスタートして13回も倍々ゲームでDNAを増やしていったことに相当**します。

もちろん、ここまでＤＮＡを増やしているニューロンはそれほど多くなく、倍々ゲームを10回でやめておくもの、５回程度でやめておくもの、などさまざまです。

したがって、太ったナメクジの脳内には大小さまざまなニューロンが混在していることになります。

それにしても、そんなにＤＮＡを増やしていったいどうしようというのでしょうか？

体の成長に合わせて全DNAを倍加させる「やりすぎ戦略」

ＤＮＡには、細胞に必要なタンパク質に関する情報が書き込まれています。ＤＮＡの塩《えん》基《き》配列情報がＲＮＡ（リボ核酸）に転写され、それがタンパク質を構成するアミノ酸の配列情報へと変換（翻訳）されることで、細胞の機能や構造を維持するために必要なタンパ

図19 DNA上の遺伝情報に基づいたタンパク質の合成（セントラルドグマ）

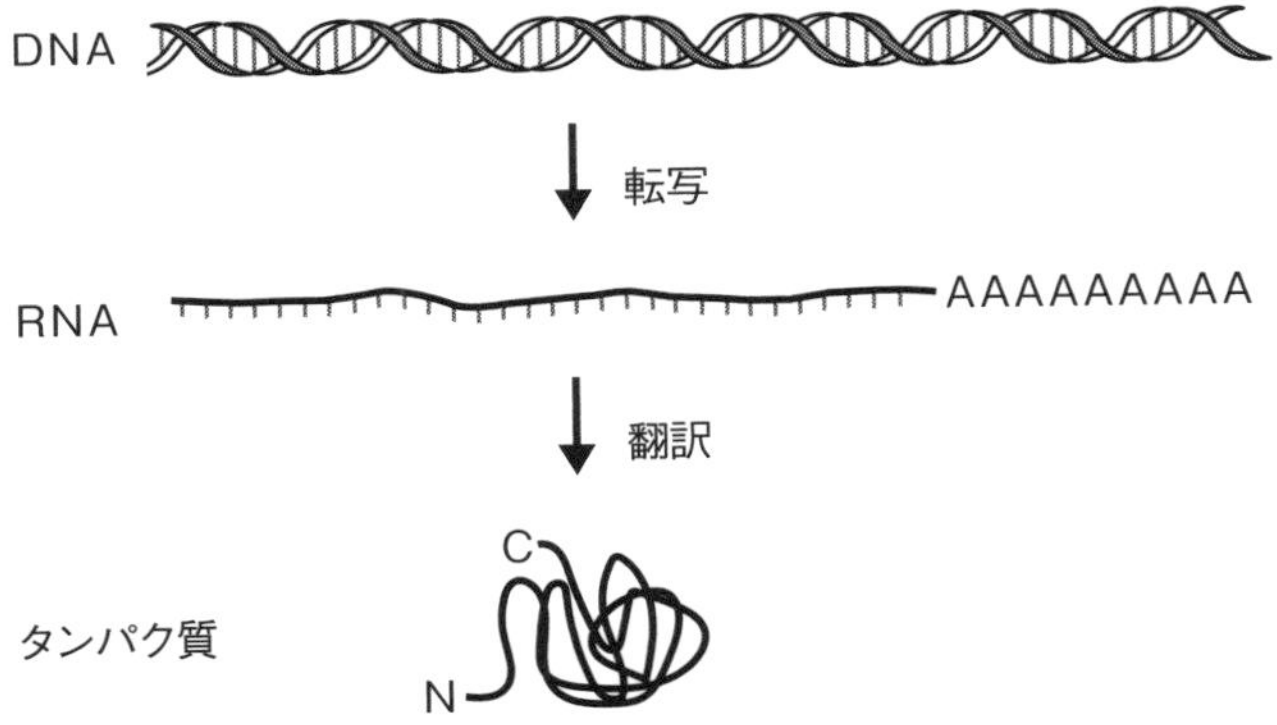

ク質が次々とつくられています。こういった遺伝情報に基づく物質生産の流れは「セントラルドグマ」と呼ばれます（図19）。

ナメクジの体が大きくなっていくと、その体を支配する運動ニューロンも大きくなっていく必要があります。そのため、タンパク質をたくさんつくる必要が出てきます。

われわれヒトを含む多くの生物では、タンパク質がたくさん必要になった場合は、DNA→RNA→タンパク質という流れのなかの、おもに2つの矢印（↓）のところを強化することで対応しています。

通常、必要になったタンパク質の情報を持つDNAの部分からのRNAへの転写を増強し、さらに必要に応じてＲＮＡからタンパク質へと翻訳する過程も増強することで、最終産物であるタンパク質を大幅に増やすことができるのです。

多くの生物がこの方法を採用しているのは、それなりにいろいろとメリットがあるためです。そのおもなメリットは以下のように３つあります。

①細胞の種類やシチュエーションによって、たくさん必要となるタンパク質の種類は違います。そのため、特定のＤＮＡ部分（遺伝子）の転写、翻訳を増強することで、細胞は最小限のエネルギーコストでそのときどきのニーズに対応できます。

②前述のように、転写、翻訳という２段階のステップを増強することで、最終産物であるタンパク質の量を相乗的に増やすことができます。

③さらに、状況が変わってそのタンパク質が必要でなくなったときは、両ステップの活性を元に戻せばすみます。

このように、多くの生物では主として転写、翻訳という過程をうまく調節することで、タンパク質の量を調整しています。では、**ナメクジの運動ニューロンはどうしておも**

との遺伝情報そのものであるＤＮＡを増やすのでしょうか？

たしかに、ＤＮＡ↓ＲＮＡ↓タンパク質という流れのなかで、最初のＤＮＡから増やした場合、それにつづく矢印（↓）のステップ（転写、翻訳）もあわせて増強することで、タンパク質の量はさらに飛躍的に増やすことができるでしょう。

しかし、そのためにＤＮＡ全体を増やす必要があるのでしょうか？

ヒトにたとえれば、23種類ある染色体のなかの一部の、そのまたほんの一部分である特定の遺伝子からつくられるタンパク質を増やしたい、というだけの理由で46本の染色体すべてを指数関数的に増やす、ということに相当します。

もっとも、ニューロンが大きくなるには、ひとつふたつの遺伝子産物を増やすだけでは不十分でしょうから、かなりの数の遺伝子は必要になってくるでしょう。

それにしても、**すべての遺伝子を一様に倍加させる、というのはどう考えてもやりすぎですよね？**

そうなのです。ナメクジは、エネルギーコストという点では相当無駄なことをやっていると認めざるをえないでしょう。**いくつかの製品を増産するために、わざわざ工場全体を次々と新設していくようなもの**です。

ナメクジは太りっぱなしでもＯＫ

しかしながら、以下の点を考慮に入れると、ＤＮＡ全体を増やすという戦略は、あながちわるいともいえないかもしれません。

まず、一口に運動ニューロンといっても、必要なタンパク質はたがいに同じではありません。内分泌ニューロンだと、使っている神経伝達物質（神経ホルモン）がたがいに違うことが普通ですし、ニューロンの形が違えば必要なタンパク類の相対的な割合も変わってきます。

そのため、**ニューロンの種類ごとに違った遺伝子の転写、翻訳をパワーアップするシステムを準備しておくのは簡単ではない**と思われます（もちろん、ヒトをはじめとした多くの生物はちゃんとやっているじゃないか、といわれればそのとおりですが……）。

また、精子や卵をつくる減数分裂の場合は、ＤＮＡの量が途中で半分になってしまうような細胞分裂が起こりますが（１０５ページ図18）、それ以外の体を構成しているほとんどの細胞（体細胞）が分裂・増殖する際は、ＤＮＡを倍に増やしてから2つに分裂するこ

図20 細胞周期とDNAの増幅

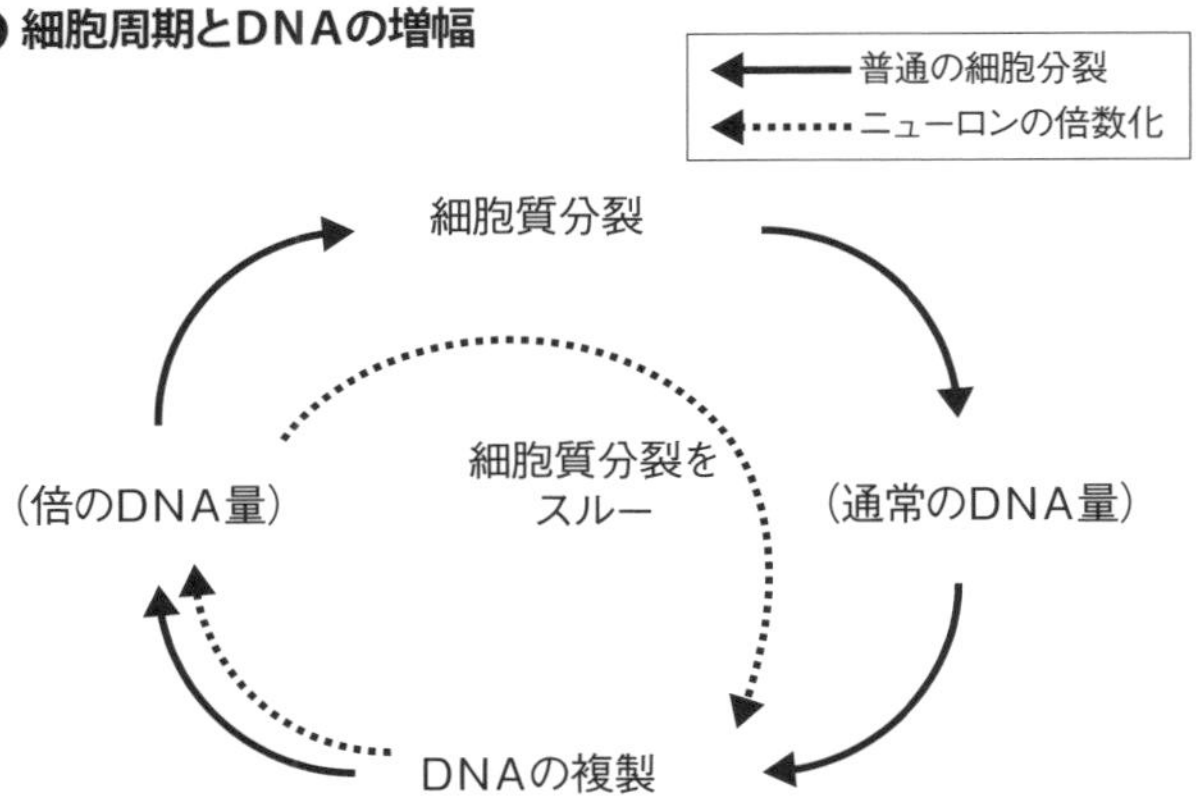

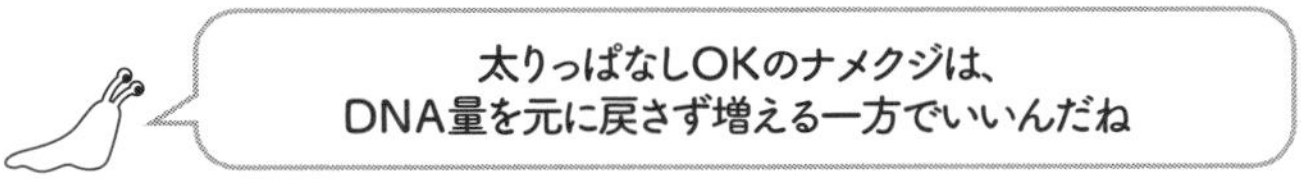

とで、2倍体の状態を保っています。

この方式に基づくなら、DNA全体を増やしたい場合は、DNAを倍に増やした後に細胞を分裂させるステップ（細胞質分裂）を飛ばすだけでいいのです（図20）。簡単ですよね？

DNAを8倍に増やしたいのなら、細胞質分裂のステップを3回スルーすればいいのです。この簡単さが、「DNA全体を増やす」という戦略を採ることになった理由のひとつでしょう。

全身の細胞のDNAをすべて倍々で増やすわけではなく、脳にあるいくつかの運動ニューロンのDNAを増やすだけなので、エサの足りているナメクジにとっては、エネルギーコストのことでそれほど騒ぐ必要はないのかもしれません。

そしてもう一点注意すべきことは、**「ひとたび体が大きくなった（太った）ナメクジは、絶食してもほとんど痩せない」**ということです。

ナメクジは水さえあれば、絶食しても1ヵ月半くらい生きていますが、その間にたいして体重は減りません。つまり、食べすぎで太ってしまったナメクジは、ダイエットしてもスリムボディを取り戻すことができないのです（人間で考えると悲しいことかもしれませんね……）。

このため、体が大きくなることに対応して巨大化した運動ニューロンは、終生、元の大きさに戻る必要がないのです。

ヒトの場合、肥満している人のお腹にある脂肪細胞は、脂肪滴を蓄えて巨大化していきます（DNA量を増やしているわけではありません）が、栄養摂取が少なくなってくると、この脂肪滴内の脂肪を燃やしてしまうため、脂肪細胞自体が小さくなっていきます。

この意味で、細胞は大きくなったり小さくなったりと自在に大きさを変化させるのですが、ナメクジではどういうわけか、太った後に絶食してもあまり痩せません。このため、ひとたび大きくなったナメクジの脳のニューロンも、再度小さくなることはないようです。つまり、増やしてしまったＤＮＡを元に戻す、という必要もなさそうです（ＤＮＡが減っていくことは決してない、という確証も、じつはまだありませんが）。

こういった**〝成長の一方向性〟**が、ＤＮＡを増やしても不都合が少ないことのもうひとつの理由でしょう。

禁じ手のＤＮＡ複製を利用するしたたかな生存戦略

ヒトなどの動物では、脳のニューロンは細胞分裂を停止した状態でいます。新たにつくられるニューロンの数もきわめて限られています。したがって本章の冒頭で述べたとおり、ヒトでは、脳内のニューロンの数は、成長にともなって減っていく一方です。

もし新しいニューロンがつくり出されると、それを既存の神経ネットワーク（＝記憶など）を乱すことなくそこにどう組み込むか、という問題が生じます。われわれヒトの脳は、ＤＮＡ複製のレベルでニューロンの分裂を抑えておくことで、新たなニューロンのネットワークへの組み込み、というむずかしい問題を回避しているのかもしれません。

そして、**ニューロンが増えないのは、細胞分裂に先立つＤＮＡの複製が厳密に抑制されているため**です。しかし、この抑制がなにかのはずみで外れ、うっかりＤＮＡを（一部分でも）複製してしまうと、ニューロンはその機能に異常をきたし、場合によっては死んでしまうことがあります。

実際、アルツハイマー病患者の脳では、細胞内ＤＮＡの量が中途半端に増えているニューロンが健常者よりも多く見つかることが報告されています。このように、ニューロンにおけるＤＮＡの複製は基本的にご法度《はっと》なのです。

しかし、ナメクジの脳はこの禁をおかして、大胆にもニューロンが持つＤＮＡを何回も倍増させています。これでなぜナメクジのニューロンが無事なのかまだよくわかりませんが、全部の染色体ＤＮＡを過不足なくきちんと複製できていれば、ニューロンの生理機能や生存に問題は生じないのかもしれません。

とにかく、ナメクジの脳のニューロンでできることが、ヒトではむずかしいようです。両者のニューロンにおけるＤＮＡ複製機構の分子レベルでの違いをよく調べれば、**アルツハイマー病の病因のひとつが突き止められるかもしれません**。

こうして見ると、**ヒトであれば病理現象とみなされる事象を、ナメクジは生存に役**

立つ生理現象として利用しているのです。「べつにわるいことしてないじゃん」という感じでしょうか。非常にしたたかな生存戦略だといえましょう。

お腹の中に脳を移植するホラーな実験

ナメクジの脳にある運動ニューロンは、自らの体が大きくなりつつあることを察知してDNAを増やし、大きく成長します。では、ニューロンの立場に立って考えたとき、**自分自身を格納している体が大きくなっていることをどのように察知しているのでしょうか？**

たくさんのエサを毎日食べているナメクジでは当然、血糖値に相当する体液中の糖質や、インシュリンのような血糖値を下げる働きをするホルモンのレベルが高い状態になっていることが予想されます。

ナメクジの脳は、体腔《たいくう》内の体液中に浮かんでいるような状態であるため、こういった体液に直接曝《さら》されています。したがって、体液の成分情報から自らを大きくする必要性、つまりDNAを増幅させる必要性を察知しているかもしれません。

図21 ホストナメクジの体腔内に移植された脳でも、DNAの増幅は起こるのだろうか？

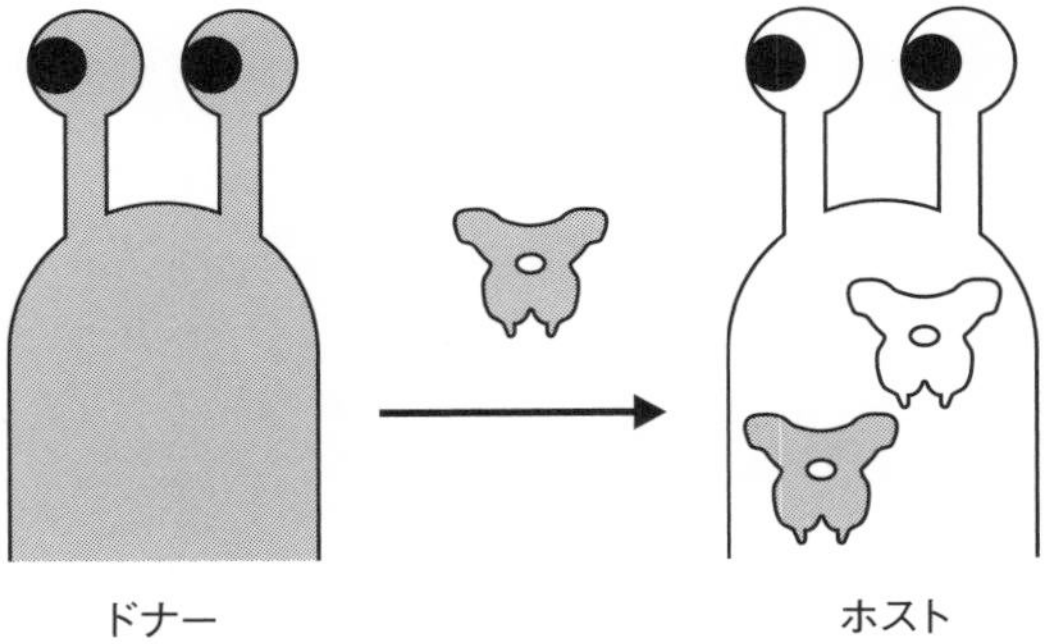

この可能性を確かめるため、**ナメクジ（＝ドナー）**から摘出《てきしゅつ》した脳をほかの**ナメクジ個体（＝ホスト）**の体腔内に**外科手術によって移植し**、ホストにエサを十分に与えて太らせることをおこないました（図21）。

つまり、体内に自分の脳に加えて他個体の脳まで持つナメクジを用意したわけです（軟体動物腹足類ではこういった大胆な実験ができるのです）。

なお、移植されたほうのドナー脳は、ホストの体内で組織としては生きているのですが、ホストの体を神経支配しはじめる、といったおそろしいことは起こりません。

もし、体液の成分にＤＮＡ増幅を引き起こ

すような情報（分子）が含まれているのであれば、ホストの脳だけでなく、ドナーの脳にある運動ニューロンでもＤＮＡの増幅が引き起こされるはずです。

しかし結果は、ホスト側の脳でしかＤＮＡ増幅の頻度《ひんど》が上がりませんでした。これは、体液の成分だけではＤＮＡ増幅の増強に不十分であることを意味しています。


そこで、運動ニューロンは筋肉などへの神経支配を介してそこから情報を逆向きに受け取り、それによりＤＮＡ増幅を起こしているのではないか、と考えました。つまり、運動ニューロンが支配している筋肉や臓器から、それらが成長しつつあることが脳に伝えられ、ＤＮＡ増幅を開始する、というものです。

これを確かめるため、脳の左右から出ている神経線維の束《たば》を片側だけ切断し、その後のＤＮＡ増幅の頻度を脳の左右で比較しました。すると予想どおり、切断を受けた側にあるニューロンの細胞体では低い頻度でしかＤＮＡの増幅が認められませんでした。

つまり運動ニューロンは、自らの体が大きくなりつつあることを、筋肉などへの神経支配を介して察知し、ＤＮＡの複製へとつなげていることがわかりました。

ヒトの脳にもナメクジ的能力が残っている？

以上で見てきたようなニューロンにおけるＤＮＡ増幅は、ナメクジのほか、アメフラシやカタツムリなどの腹足類で見られます。

「ニューロンのＤＮＡは原則としてこれ以上変化することはない」というのがヒトをはじめとした哺乳類の脳における常識なのですが、ナメクジの脳を調べていると、そのような固定観念はあっさりと吹き飛ばされてしまいます。

ただし、ごく最近では**哺乳類（マウス）の大脳皮質にあるニューロンのなかに、通常の２倍量にあたる４倍体のＤＮＡを持つ大型のニューロンが相当な数存在すること**がわかってきています。そしてこういったニューロンは、脳内で遠方まで突起を伸ばして情報を伝える仕事をしている傾向があることもわかりました。

４倍体とひかえめですが、マウスでもＤＮＡの倍数化を利用していることがようやく明らかになりつつあるのです。**ヒトの脳でも、病理現象だけでなく、ＤＮＡ増幅を機能的に利用している可能性があります。**

ナメクジから新たな脳内物質が見つかるかも？

ヒトの脳内で働く神経伝達物質

ニューロンが脳内の情報素子《そし》として働く際、ニューロン自身の内部で端から端まで情報を伝えるには電気信号（＝細胞膜《まく》をへだてた細胞内外電位差の変化）を利用しています。「インパルス」「スパイク」「活動電位」などと呼ばれるものです。

一方、**ニューロンのあいだで情報を伝える際は**、多くの場合、一方から他方へと**化学物質を使って情報を伝達します**（図22）。この化学物質が、神経伝達物質と呼ばれるものです。アセチルコリンやグルタミン酸などは、その名がよく知られた神経伝達物質だと思います。

一般には「脳内ホルモン」などの俗称で、セロトニンやドーパミンなどの神経伝達物質の名を耳にしたことがある方も多いでしょう。

図22 神経伝達物質を用いたニューロン間の情報伝達

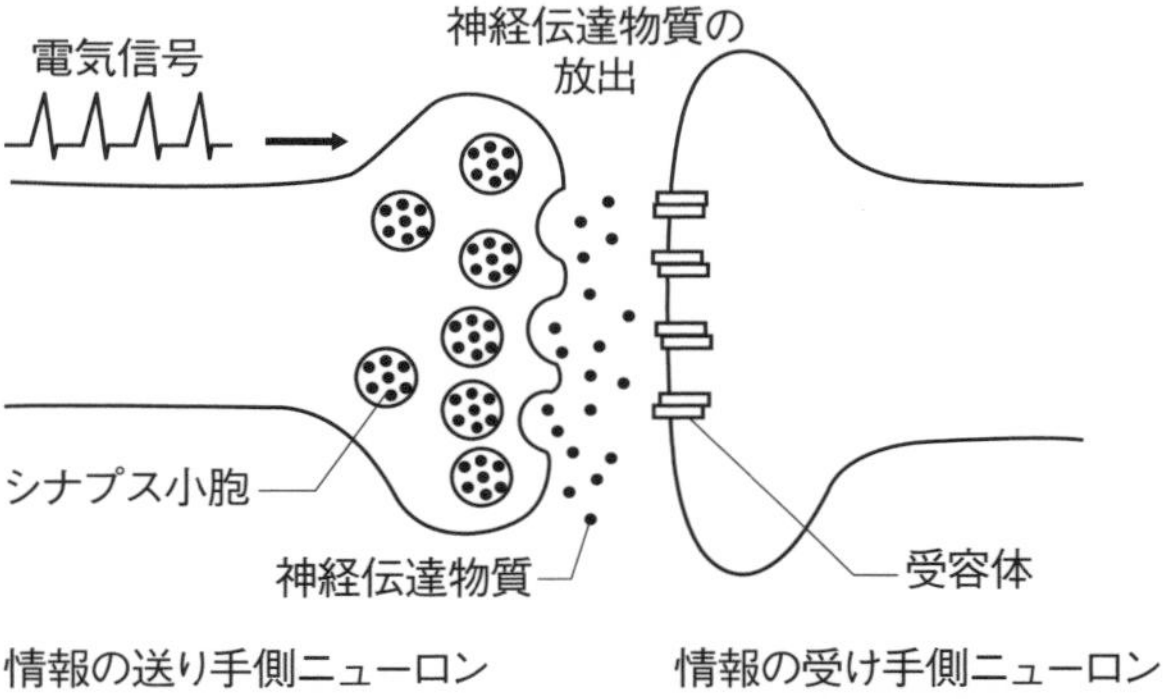

伝わってきた電気信号の刺激でシナプス小胞に包まれた神経伝達物質が外に放出され、これが受け手のニューロンに受け止められて情報が伝わるんだって

ヒトの向《こう》精神薬や麻薬のほとんどは、ニューロン同士の情報伝達をになうこの神経伝達物質の働きを抑えたり強めたりすることで作用を発揮します。

覚醒《かくせい》剤の一種であるアンフェタミンは、脳内でドーパミンの放出を促進することで、その使用者に多幸感をもたらします。また、ある種の麻酔薬は、抑制性の効果があるＧＡＢＡ《ギャバ》の信号を受け取るタンパク質（受容体）に作用して、神経の興奮を低下させることで麻酔作用を発揮します。

その役割の多様性と重要性から、神経科学者の多くがなんらかの形で神経伝達物質の研究にたずさわっている、

図23 **低分子神経伝達物質の例（上の3つ）と**
ペプチド性高分子神経伝達物質の例（エンケファリン）

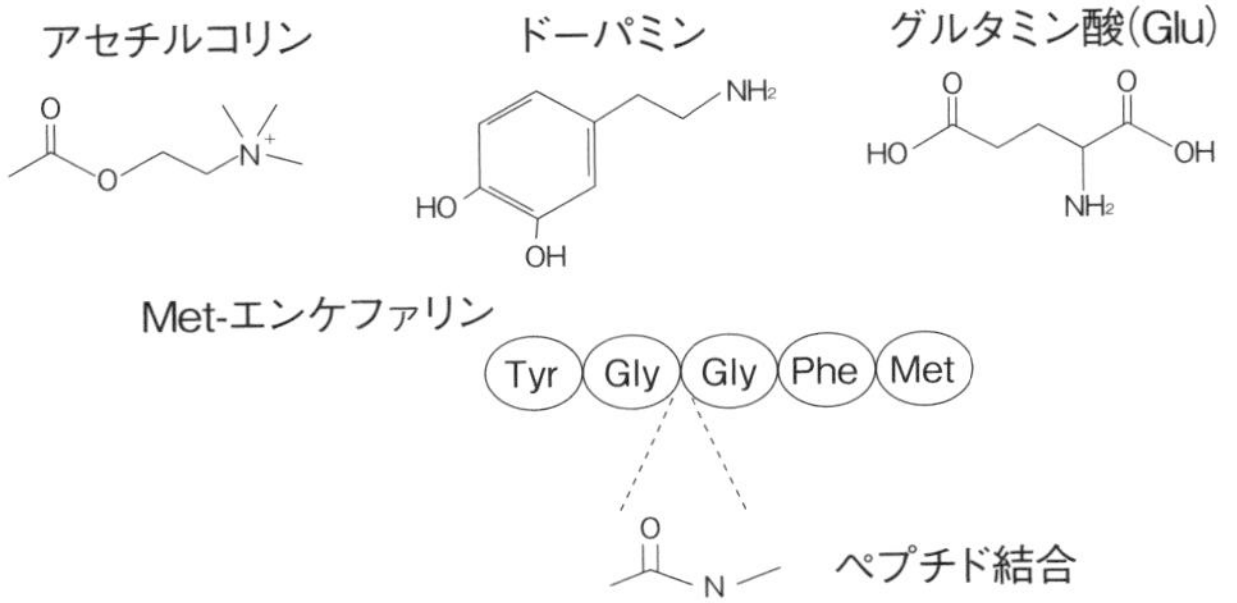

◯で囲まれた文字は、アミノ酸（チロシン〔Tyr〕、グリシン〔Gly〕、フェニルアラニン〔Phe〕、メチオニン〔Met〕）を表し、それぞれのあいだはペプチド結合と呼ばれる共有結合で結びついている

といっても過言ではありません。向精神薬を新たに開発する際、ニューロン同士の情報伝達部分、つまり神経伝達物質が働く箇所をターゲットにすることが多いためです。

しかしそれでも、ヒトの神経伝達物質の全貌《ぜんぼう》はまだ明らかになっているとはいえません。現時点では、使われている神経伝達物質はアミノ酸程度の大きさしかない低分子のものと、アミノ酸が複数つながったペプチド性の高分子に大別されます（図23）。

アセチルコリンやドーパミンは、低分子の神経伝達物質に分類されます。このほか、一酸化窒素《ちっそ》などガス性の低分子も神経伝達物質に含められることがあります。一方、脳内モルヒネと呼ばれるエンケファリンやエンドルフィンは、ペプチド性の神経伝達物質に分類されます。

このように、**ヒトの体内では何十種類もの神経伝達物質が使われているの**ですが、ひとつのニューロンが多種類の神経伝達物質を使っているわけではなく、それぞれのニューロンは通常１〜３種類程度の神経伝達物質しか放出していません。

意外と共通しているヒトとナメクジの脳内物質

過去の研究者や筆者らはこれまで、ヒトを含む哺乳類でよく研究されているメジャーどころの神経伝達物質の存在の有無や分布、生理作用をナメクジで調べてきました。

その結果、低分子性の神経伝達物質に関しては、いまのところ哺乳類で使われているのにナメクジで使われていない、というものは見つかっていません。

グルタミン酸、アセチルコリン、ＧＡＢＡ、セロトニン、ドーパミン、ヒスタミン、ノルアドレナリンはどれもヒトで使われていますし、ナメクジの脳でも使われています（一酸化窒素もナメクジの嗅覚情報処理で重要な役割を果たしています）。

図24 オクトパミン、ノルアドレナリンの合成経路

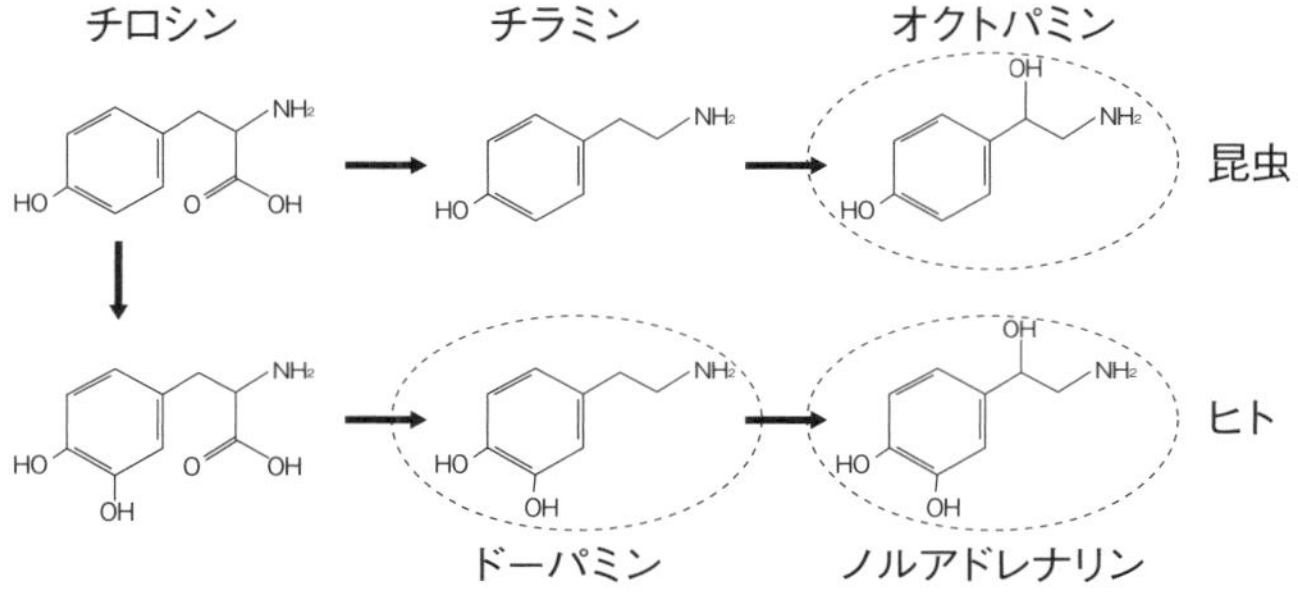

チロシンから合成される低分子の神経伝達物質の用いられ方が異なる。ドーパミンはヒト、昆虫、ナメクジのすべてで用いられる。ノルアドレナリンはヒトで、似た構造のオクトパミンは昆虫で用いられる。昆虫と同じ無脊椎動物グループに入るナメクジはノルアドレナリン、オクトパミンの両方を用いている

このなかで面白いのは、昆虫などの節足動物ではヒトの交感神経で用いられているノルアドレナリンは使われておらず、代わりに分子構造の似たオクトパミンという物質が神経伝達物質として用いられていると考えられていることです（図24）。

節足動物も軟体動物も、どちらも背骨を持たない無《む》脊椎《せきつい》動物なのですが、節足動物は基本的にノルアドレナリンを使っていません（ドーパミンはどちらも用いています）。

他方、ナメクジではノルアドレナリンとオクトパミンの両方が用いられているようです。しかも、それぞれは脳の前脳葉の活動性に対して正反対の作用を示します。

このように、**ノルアドレナリンとオクト**

パミンが別々の生理作用を持っていることから、ナメクジは両者をちゃんと使い分けていることもわかりました。

低分子性の神経伝達物質に関して、ヒトとナメクジのいずれが多くの種類を使っているかはまだわかりませんが、調べたかぎり、ヒトで使われているのにナメクジで使われていない、というものは見つかっておらず、逆にナメクジで使われているのにヒトで使われていないオクトパミンのような低分子性の神経伝達物質がほかにも存在している可能性は残っています。

ただ、こういったものを新たに見つけるには、ヒトで使われているものをナメクジでも調べてみる、という調べ方ではダメでしょう。

今後さらに神経伝達物質のレパートリーを調べることで、動物界に属する生物の神経系にどのくらいの共通性があり、どのくらい違っているのか、ということへの理解が進むことが期待されます。

クラゲに比較的近縁なヒドラは刺胞《しほう》動物門に分類され（23ページ図1）、ヒトから見て進化的にはナメクジよりもさらに遠く、原始的な神経系を有していることが知られています。しかし、このヒドラが用いている神経伝達物質も、もっぱらペプチド性、つまり高分子のものであることがわかりつつあります。

神経系が出現しはじめた太古の動物においては、どういった神経伝達がおこなわれていたのか、ということは今後、さらに多くのさまざまな動物を調べていくことで明らかになっていくだろうと思われます。

神経ペプチドをドカンとまとめてつくる物質合成戦略

通常、動物が持つ個々のＲＮＡからは、ひとつのタンパク質だけがつくられるのが普通なのですが、ペプチド性神経伝達物質（神経ペプチド）のいくつかは、長い前駆体タンパク質がつくられた後、ぶつぶつに切られて複数の短いペプチドに変わります（図25）。ただ、**ナメクジを含む軟体動物の神経ペプチドでは、やたらと長い前駆体タンパク質から、非常にたくさんの神経ペプチドがつくられる傾向**があります。

エンテリンと呼ばれる筋弛《きんし》緩《かん》作用を持つ神経ペプチドは、最初アメフラシで発見され、のちにナメクジでも調べられています。この神経ペプチドは、たがいに少しアミノ酸配列

図25 神経ペプチドができるまで

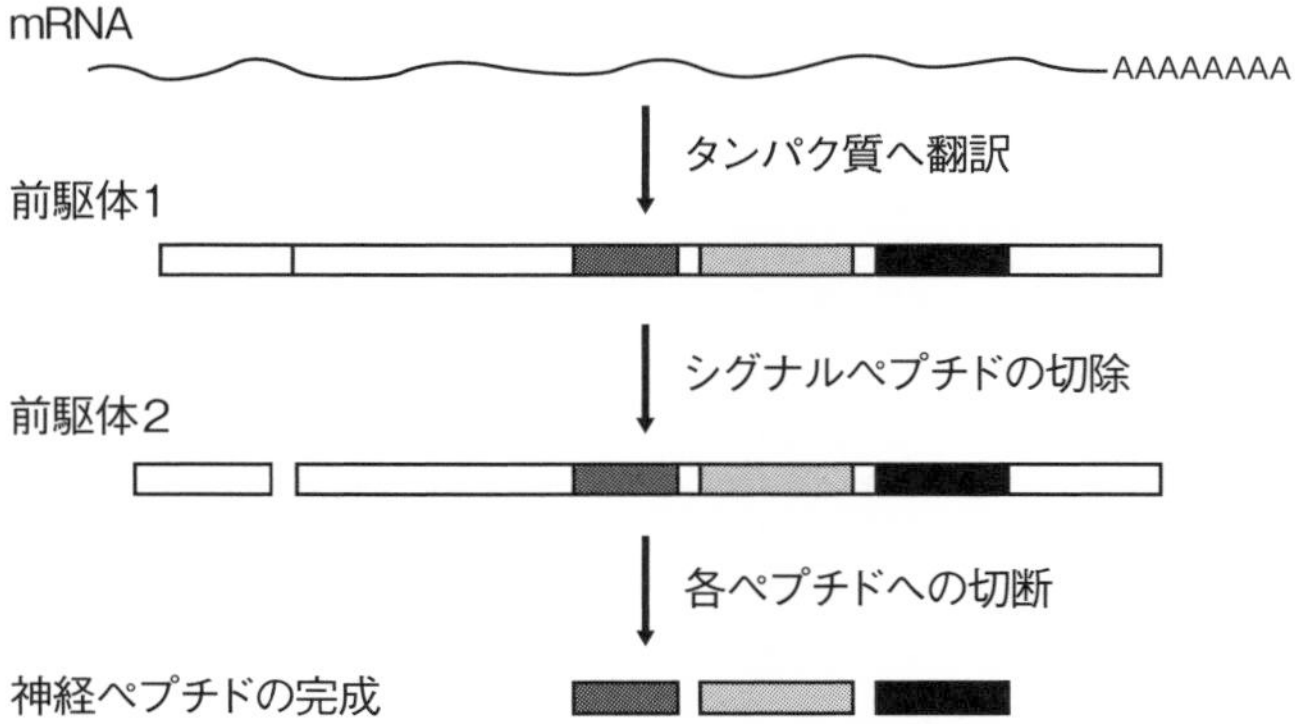

の違うペプチドも含めて35個ものペプチドが、前駆体タンパク質から切り出されてできます。

ナメクジのペダルペプチドという神経ペプチドにいたっては、42個もの神経ペプチドがひとつの前駆体タンパク質から切り出されてくると予想されており、そのほとんどがたがいに類似したアミノ酸配列をしています。

したがって、ひとつのRNAから一回翻訳するだけで、何十個もの神経ペプチドを産生することができるのです。ある意味、**非常に大胆でストレートな物質合成戦略**だといえるでしょう。

ヒトではなぜか、このような「ドカン」とまとめて神経ペプチドをつくるような戦略はあまり採っていません。ナメクジで見られるこのような「まとめ買い」的な物質合成システムは、太ったナメクジのニューロンではDNAから増やしてしまう、というすでにご紹介したDNA増幅の発想となんだか通じるものがあるように感じられます。

暗闇を探し出すふしぎな力

なんとしても明るい場所を避けたい

ナメクジは明るい場所を嫌い、暗い場所を好みます。晴れた日の昼間にあまりナメクジを見かけないのはそのためです。暗い場所を好むのは、外敵の目にとまらないようにする、という意味もあるでしょうが、やはり乾燥を避けるため、という理由が大きいでしょう。**是が非でも乾燥を避けねばならない、というのは殻《から》を持たないナメクジの宿命です。**

したがって当然、ナメクジにも眼があり、それを使って暗い場所へ逃げ込むことができます。眼は大小二対ある触角のうち、上のほう、つまり大触角の先端部付近にあると述べました。

触角を伸ばしているナメクジをよく見てもらうと、長いほうの触角の先に、黒い点のようなものが見えると思います（28ページ図2右）。それが眼です。

われわれヒトや、タコ、イカといった軟体動物頭足類《とうそく》の大きな眼と比べると、ナメクジの眼はとても小さいため、それほどたくさんの光を集めることができません。それでも、そのつぶらな瞳で可能なかぎりの光を集め、感じ取る工夫をしています。

たとえば、**ナメクジの眼にはちゃんとしたレンズがあります**（扁形《へんけい》動物のプラナリアなどの眼にはレンズはありません）。これにより、小さい眼ながらもたくさんの光を集めて感度を上げています。

ただ、ヒトのようにレンズ厚を変えてピントの調節までしているかは不明で、そもそも網膜《もうまく》にきちんと焦点《しょうてん》を合わせることがむずかしそうな構造の眼をしています。したがって、**ナメクジにはつねにボンヤリとした世界しか見えていないのかもしれません。**

ヒトの網膜には、密度の高い部分で１ミリ四方に数十万個もの視細胞がびっしりと並んでいます。一方、ナメクジの眼一個あたりの主要な視細胞は３００個程度。これはものす

図26 **ナメクジの眼とヒトの眼の違い**

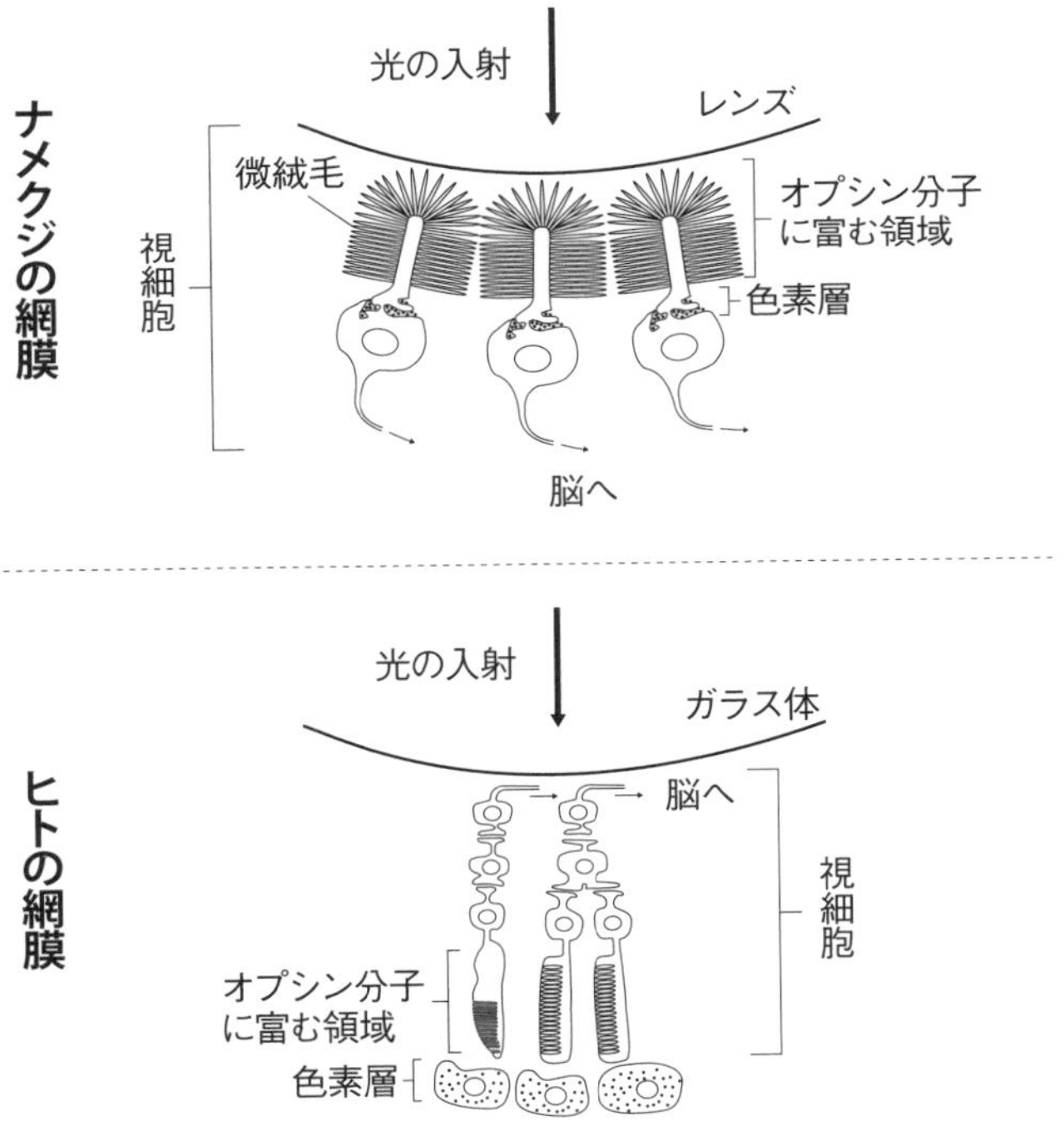

ナメクジの網膜は光を吸収する視物質(オプシン)に富む領域が入射光のほうを向いているが、ヒトでは逆向きである。光情報を受け取って脳へ伝達する流れは、オプシンが前面に出ているナメクジのほうがスムーズなつくりといえる

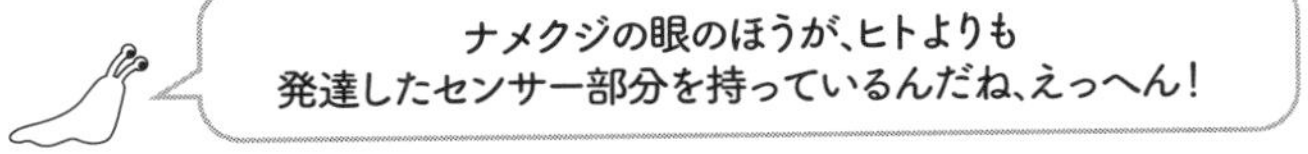

ごく少ない数で、物体の形を見るための画素数としては不十分だと思います。

　したがって、ナメクジがヒトの顔を識別できているとはとうてい思えません。

　しかし、３００個程度のナメクジの視細胞には、発達した微絨毛《びじゅうもう》と呼ばれる細い突起構造が無数にあります。この微絨毛にはオプシンという視物質タンパク質がたくさん含まれていて、いわば光センサーに当たります。これらのタンパク質に光が当たることで視細胞が反応し、その情報が脳へと伝達されていきます。

　オプシンはヒトをはじめ脊椎動物の網膜にも含まれている物質ですが、**ヒトと大きく違うのは、これらの視細胞がオプシンを含む微絨毛のセンサー部分をレンズの側に向けていること**です。

　図26下側のように、ヒトは、光の入射方向であるレンズ側に背を向けるように視細胞のセンサー部分が配置されています。が、図26上側のナメクジでは、ちゃんとレンズのほう（光の入射方向）に微絨毛のある部分が向いています。

　ひとつひとつの視細胞は微絨毛をたくさん備えており、その表面に複数種類のオプシン分子がびっしりと浮かんでいるため、**眼に入ってきた光（光子）は決して逃さないため**

の態勢が整っているのです。
レンズの存在も考え合わせると、光に対する感度はかなりよさそうです。ちょっとでも光のあるところにはいたくない、ということの表れだといえます。

紫外線が〝見えて〟いる？

一方、「色は見えていますか？」という質問を受けることがありますが、これはまだわかりません。ただ、色を認識できる動物は、異なる波長（色）範囲の光によく反応する視細胞を少なくとも2種類は持っていることが普通なのですが、そのような視細胞のレパートリーをナメクジが用意していることを示すデータはいまのところありません。

おそらくナメクジにはモノクロの世界しか見えていないのだと筆者は考えています。
ただし、よく見えている光波長の範囲はヒトと少し違います。

ヒトは、紫から赤にいたるまでのおおむね400ナノメートルから700ナノメートルの波長範囲の光を感知することができ、特にこの範囲の真ん中あたりの緑色が最も感度よく見えています。この範囲から外れた光は紫外線や赤外線と呼ばれ、眼で見ることはほとんどできません（56ページ図10）。

一方、網膜の応答性（光を照射されたときの視細胞の電気的な応答）を調べたかぎり、**ナメクジは全体として短波長寄り、つまり近紫外〜緑色くらいの範囲の光によく反応できるようで、**特に、ヒトの眼には紫ないし青っぽく見える色の光を高感度に検出しています。**おそらく紫外線（波長400ナノメートル以下）も多少は感知できているもの**と思われます。

紫外線が見える、というと意外な感じがするかもしれませんが、第2章で述べたとおり、昆虫や魚類のなかにも紫外線が見えている動物はほかにもたくさんいます。

大触角を片方切られるとぐるぐる回ってしまう

では、ナメクジはどうやって暗い場所へと動いていくことができるのでしょうか？

画素数の低い眼なので、どの程度はっきりと風景が見えているかはわかりませんが、少なくとも視野のなかになんとなく暗い部分（場所）が見えれば、そちらに移動する、ということはやっているでしょう。

図27 大触角を切られるとぐるぐる回転してしまう

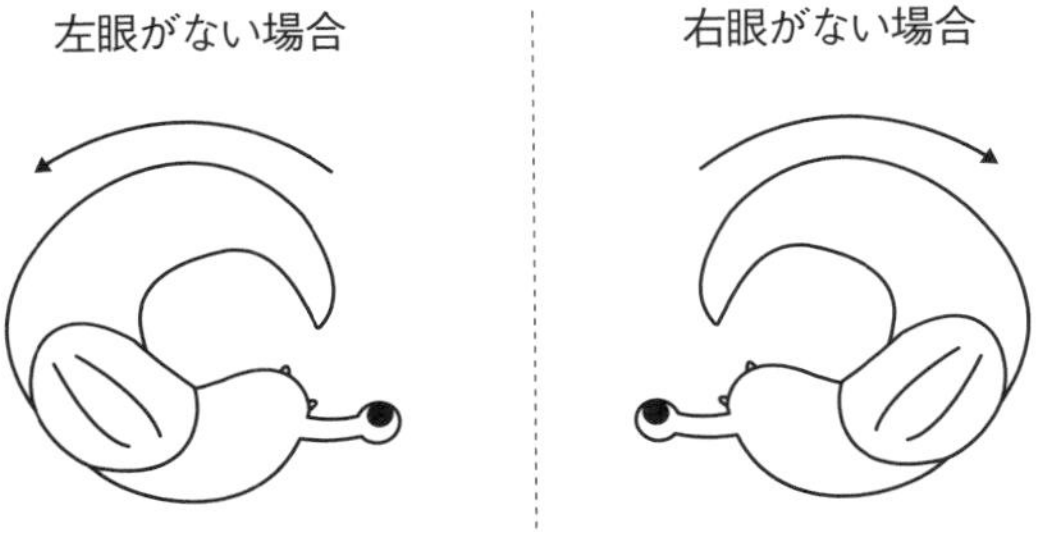

**片側の大触角を切られたナメクジは、
明るい場所では切られた側に回りつづける**

しかし同時に、ナメクジは左右の眼のあいだで光の強さを比較して、より弱い側の方向を選ぶ、というロジックで暗い場所に移動することもおこなっています。これは、**左右いずれかの大触角を切断すると、切られた側へとぐるぐる回る運動をおこなう**ことから推察されます。

具体的には、麻酔下で左の大触角を切断する手術をおこない、その翌日、暗い場所から出して明るい場所に置くと、上から見て反時計回りにぐるぐると回る動きをします。反対に、右の大触角を切断された場合は、時計回りに回ります。

これは、大触角の先端部にある左右の眼

からの光入力の強さを比較し、より暗い側へと進路を取っていることを反映していると思われます（図27）。

つまり、片側の眼がない場合は、つねにそちら側が反対側に比べて暗く感じられるので、眼のない側へと進路を取りつづけるわけです。

実際、周囲が暗いところに置かれた場合は、この回転運動は起こりません。また、大脳神経節の交連部（ヒトの左右大脳半球をつなぐ脳梁《のうりょう》に相当）まで切断されると、眼のない側への回転運動が見られなくなることから、ナメクジは左右の眼から入力する光の強さを脳内で比較していることが推察されます。

ちなみに、ぐるぐる回るナメクジも、数回転したあたりからなにかおかしいと察するのか、そのうち回ることをやめ、それまでの行為をとりつくろうかのように（？）逆向きに少しだけ回ってみたりしながら、やがて真っすぐ這《は》うようになります。

そのあたりはさすが、賢いナメクジだけのことはありますね。

眼がなくても光を避けられる!?

さらに驚くべきことは、**ナメクジは眼を用いなくても暗い場所に逃げることができる、**という点です。左右の大触角、つまり両眼を切除されたナメクジでも、暗い場所に逃げ込めるのです。

はじめから暗い場所めがけて逃げるというよりは、デタラメに這いまわりながら、うまく暗い場所に到達できるとそこで落ち着きます。

「うわー、明るいのイヤだぁ〜」

と動きまわり、偶然暗い場所に入れたら、

「ラッキー♡」

という感じで落ち着くようです。

この観察結果には、はじめ非常に驚きました。光の熱を避けているんじゃないか、とも疑ったのですが、それほど強くない光からもちゃんと逃げることができます。

さらによく調べてみると、どうやら眼がなくても頭部で光を感知できるらしく、眼を除去されたナメクジの頭部だけにピンポイントで光を当てた場合でも、嫌がる行動を示しました。

つづいて、頭部にある脳にも、視物質タンパク質であるオプシンが存在していることがわかりました。眼を除去されても、皮膚を通って入ってくる光を脳で感知することで、うまく暗い場所に逃げ込むことができたかどうか判断している可能性が出てきました。

光センサーとしても使える脳

実際、取り出した脳に直接光を当てると、脳のニューロンが活動する様子も記録できました。眼を除去されたナメクジは、脳のニューロンが高い感度で反応できる波長帯（紫〜青）の光から特によく逃げることもわかりました。

さらに、眼が得意とする守備範囲の波長帯の光に対し、脳も感度よく感知できていました。つまり、眼で光感知に働いている視物質（オプシン）が脳のニューロンにもあり、それを使って光を感知して忌避《きひ》行動を起こす、という方式が採られている可能性が考えられます。

第2章で「脳はインターニューロンの集合体」だと述べましたが、**脳が感覚器官（センサー）としてもダイレクトに働いている、ということになると、もはやナメクジの脳が純粋な意味での脳とは呼べなくなってきます。**

われわれ人間の感覚からすると、かなり奇想天外な機能設計を持った脳だといえましょう。

第5章

ナメクジの生き方

ナメクジの生存戦略

できるだけたくさんの卵を残したい

あらゆる生き物は、できるだけたくさんの子供を残すことを最重要課題としています。ヒトの場合、多産により自分の子供をたくさん残す、というよりは、少ない子供を死なせずに確実に育て上げるという方式で世代をつないでいます。

一方、**ナメクジは、生涯のあいだにできるだけたくさんの卵を残すことを最重要視した体の設計と生存戦略**を採っています。

先述のとおり、嗅覚、視覚、触覚をになう触角を切られたナメクジは、3～4週間で再生を果たします（野生のナメクジがそう頻繁《ひんぱん》に触角を失うような目にあうかどうかはわかりませんが、物理的な損傷だけでなく、寄生虫などからダメージを受ける可能性もありそうです）。

チャコウラナメクジの寿命が1～2年程度であることを考えると、数週間というのは長いように思えるかもしれません。しかし、この数週間を耐えしのぐことができれば、自分の子孫を残せるチャンスが残ります。また、この程度の期間であれば、エサをまったく食べないでも生き延びることができます。

再生中の期間を生き延び、産卵までうまくこぎつけることができれば子孫を残せます。**再生期間中は脳で光を感知することで暗い場所に身を潜めておくことができ、乾燥から身を守ることが可能**です。

同時に、乾燥した場所に産みつけられた卵は、孵《ふ》化《か》できずに死んでしまいますので、乾燥を避けるというのは、殻を持たないナメクジが生き延びるためだけでなく、子供を多く残すためにも最重要の事項なのです。

また、第1章で述べたとおり、外科的手術を受けるなどしてダメージを受けたナメクジは、しばしばその直後に産卵をおこないます。これは、**再生がかなわなかった場合の保険として、体内にキープしている他個体の精子を使ってとにかく受精卵を産み落としておく**、ということでしょう。

このように、ナメクジの生存戦略は、自分の子孫を残せる確率を少しでも高められるようにデザインされています。だからこそ、ナメクジたちは憎らしいほどまで繁栄できているのでしょう。

宵越しのエサは残さない江戸っ子気質？

しかしながらその一方で、体の成長とともに脳のニューロンのＤＮＡを一方向的に倍増させる、という方式や、どこまでも体が大きく太るという生き方は、将来的にエサが枯渇《こかつ》する可能性など、環境の変化を想定せず、思慮に欠けた戦略だといえるかもしれません。

たしかに、**ナメクジの行動はおおむね場当たり的**です。

筆者の研究室では、成体のナメクジにはエサを3〜4日に一回程度の頻度で与えているのですが、**目の前にあるエサはその日のうちにすべて食べつくします。**全部食べたらその後3〜4日間はひもじい思いをすることがわかっている（？）はずなのに、一気にすべて食べてしまいます。計画的に食べたりはせず、勢いで全部食べてしまうのです。

競争してついつい食べすぎる、というのではなく、一匹ずつ個別に飼育しても同じです。

ですので、**エサを与えれば与えるほど太ります。**

体の大きなナメクジは、一度に数十個の産卵をおこなうのに対し、小さなナメクジは一回に1～2個しか産めません。**体の大きなナメクジは圧倒的にたくさんの卵を産むことができる、**これは重要です。

さらに、一度太ったナメクジはほとんど痩せない、ということを考慮すると、**体が大きくなれるチャンスがあるうちにできるだけ太っておく、**というのは結果的に、繁殖戦略上、大いに意味のあることだといえましょう。

ナメクジにはなぜ殻がないのか

殻を失ったことで得たもの

第1章にも書いたとおり、ナメクジとカタツムリは別の種です。ただ、たがいに非常に近縁な関係にあります。そして、両者の最も大きな違いは、殻の有無でしょう。らせん状のキュートな殻を持っているかどうかが、愛されキャラになるか、忌《い》み嫌われるだけの存在になるかの分かれ目になっているように思えます。

それはさておき、ナメクジもカタツムリも農業害虫であることにちがいなく、**両者とも人間社会の隙間にうまく入り込んで繁栄を謳歌《おうか》**しています（もっとも、「最近カタツムリをあまり見かけなくなった」という話をよく耳にしますが）。

殻のないナメクジと殻を背負うカタツムリ――。

ナメクジはカタツムリのような体のつくりをしていた共通の祖先から、進化の過程で殻を失ったと考えられています。その痕跡《こんせき》として、チャコウラナメクジの背中にはいまでも小さなコウラがあります。

では、ナメクジは殻を脱いだことで、なにかよいことがあったのでしょうか？

殻は主として炭酸カルシウムからできています。したがって、**殻をつくる必要がなくなったことで、摂取せねばならないカルシウムの量が大幅に減った**と思われます。

よく、雨上がりのコンクリート塀にカタツムリが張りついていますが、これはコンクリートを削って食べることでカルシウム補給をしていると考えられています。さらに、カタツムリはヤドカリのように引っ越すことができないので、成長に合わせて殻もつねに大きくしていく必要があります。

したがって、**殻の維持コストから解放された**ことがひとつのメリットだといえます。また、重くて大きな殻を背負っていると、移動のためにより多くのエネルギーを消費するだけでなく、せまい場所に入り込むこともむずかしくなり、身を隠せる場所に制限が出てきます。

一方、体内に固い構造物をほとんど持たないナメクジは、**信じられないようなせまい隙間も通り抜けることができます**（ＪＲ九州の路線で小さな隙間から電気設備に入り込んだのも、カタツムリではなくナメクジでした）。

しかし、カタツムリはカタツムリで、依然として殻を背負う生活をしながらそれなりの繁栄をしています。

コンクリートをかじってまで**大きな殻を維持する生き方のメリットは、困ったらそこに身を隠せる**、ということが大きいでしょう。軟体動物の〝身〟の部分は、乾燥を防ぐことがむずかしく、そのためほとんどの軟体動物の種《しゅ》は水中生活者です。タコもアメフラシもクリオネもアサリも、みんなそうですよね。

しかし、あえて陸上に生きる場を求めたカタツムリとナメクジの共通祖先は、乾燥から身を守るため、殻を持っておくことは必須でした。雨が降らないあいだは入り口にしっかりと粘液などでふたをして、葉の裏などで耐えていればよいのです。

一方、殻を失ったナメクジはそういうわけにはいきません。一刻も早く暗く湿った場所に逃げ込むことが必要です。これにはそういった場所を探し出す高い「脳力」と、どれほどせまい場所でもうまく入り込むことができるすぐれた身体構造が必要でしょう。

殻を維持するコストをカットして身軽になったナメクジは、その分、機敏に立ち回って生き延びる術《すべ》を身につけているのです。

ナメクジはやっぱりトロいのか

「ゆっくり」には意味がある

第1章でも述べたように、ナメクジは「のろま」の代名詞としてよく用いられています。しかしそんなに彼らはトロいのでしょうか？

体長3センチくらいのチャコウラナメクジで実際に計ってみると、しっぽの部分をピンセットで強く触られたりして本気で逃げるモードになった場合、10秒間で体長と同じ程度（3センチくらい）這《は》い進みます。

このペースでいけば、**1分間に18センチ、1時間では10・8メートル進む**計算になります。

これを体長に基づいて、ヒトに置き換えてみます。

身長180センチの大人だと、用いたナメクジの60倍の身長に相当しますので、1時間で10・8メートルの60倍、つまり648メートル進む勘定になります。スピードとしては、時速0・648キロ（10秒で1・8メートル）です。

……ヒトの歩行速度などと比べると、やはり遅いことは認めざるをえないですね。

ちなみに、在来種のフタスジナメクジは、体が大きいにもかかわらず、チャコウラナメクジよりもさらに這う速度が遅いような印象があります。

ただ、ナメクジは**つねにまわりの様子を触角で探りながら這い進みます**ので、どうしてもゆっくりとした進み方にならざるをえません。**採るべき進路を周囲の化学情報（においい）に基づいて慎重に判断し、一歩一歩（？）着実に進んでいる**のです。

また、あえてゆっくりと動くことで、動くものの検出を得意とする捕食者（鳥やカマキリなど）に見つかりにくくなっている、というメリットもあるでしょう。

目立たぬよう慎重に生きる、という堅実なナメクジの生き方がここにも表れています。

昨今では、リニアモーターカーのように相変わらず「速さ」を追求するものもありますが、スローライフや瞑想《めいそう》など、「ゆっくり」を重視する風潮もあります。（坐禅《ざぜん》の合間に、五感を研《と》ぎ澄ませつつゆっくりと歩く「経行《きんひん》」というものは「一息で半歩進む」のだそうで、まさにナメクジと同じくらいゆっくりかもしれません)。

ただ、よく観察していると、ナメクジはゆっくりと着実に進んでいるように見えて、そのあいだも４本の触角を使ってせわしなく周囲を探っています。おっかなびっくり、石橋をたたいて渡るような感じです。「五感を研ぎ澄ませて」というより、**「嗅覚を研ぎ澄ませて」這い進んでいる**のでしょう。

新しい触感(テクスチャー)の場所に連れてこられた場合などは、特にその様子がよくわかります。今度ナメクジを見つけた際には、ぜひよく観察してみてください。

第6章

愛と青春のナメクジ研究

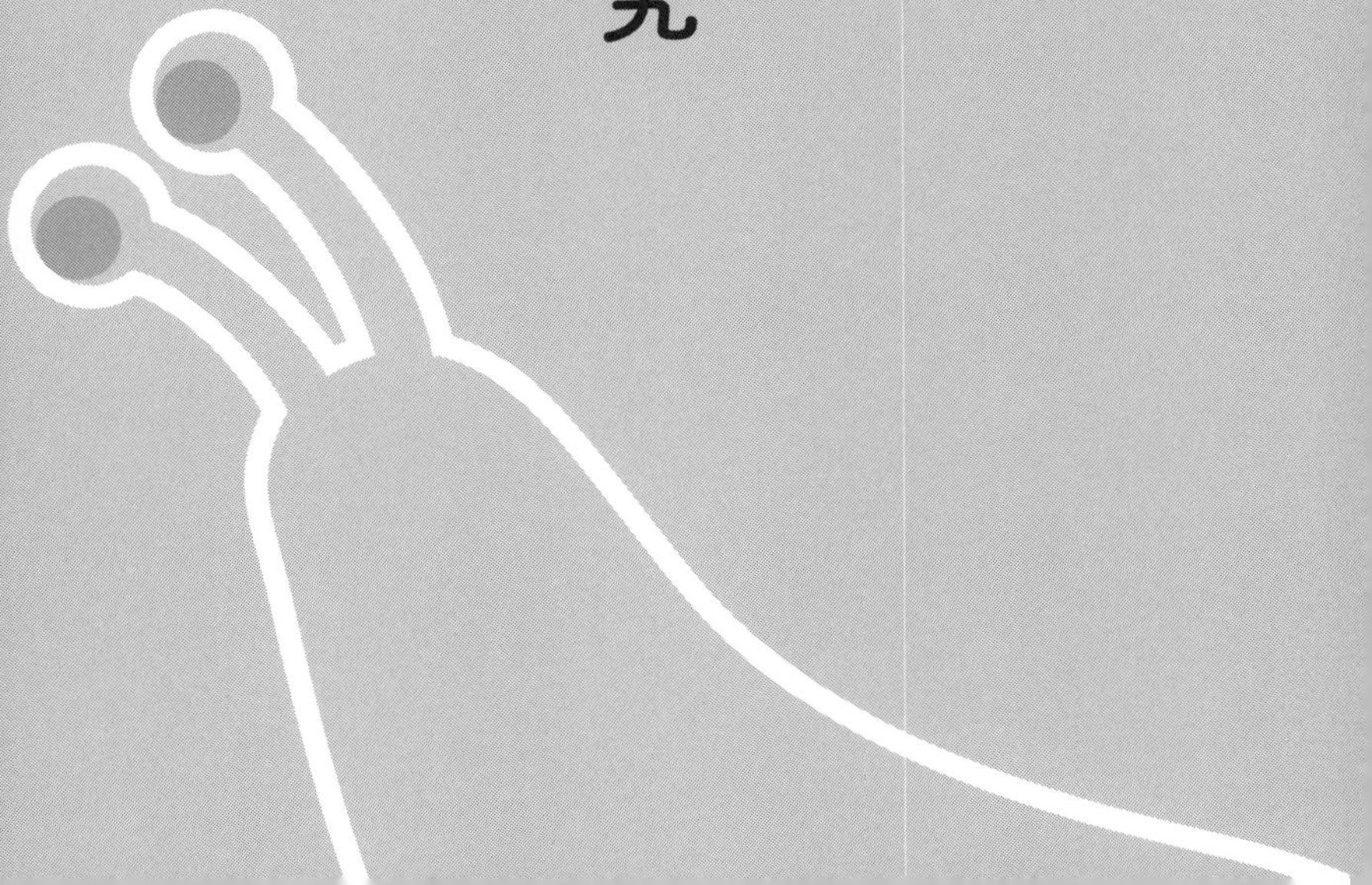

ナメクジ研究者という変わり者

ナメクジ研究者の日常

ここからは、ナメクジの脳なんぞを研究して身を立てている「研究者（筆者）」がふだんどんな生活をして生きているのか、そしてそもそもどうしてナメクジの研究などしているのか、というところを簡単に紹介しておきましょう。

当たり前ですが、大学の研究者は基本的には朝大学に来て、夜には家に帰ります。筆者の場合、朝は7時に大学に出てくるので、比較的出勤時間の早い教員です。夜は仕事のパフォーマンスがあまり高くないので、19時くらいには仕事をやめるようにしています。この点で、夜行性のナメクジとは異なり、多くの教員と同じく昼行性です。

研究者のなかには昼夜が逆転している人や、48時間サイクルで生きている人（つまり、

2日に一回出勤して24時間働く人）もまれに見かけます。が、そういったスタイルは、講義や実習をおこなう義務がある大学教員ではなかなかむずかしいところがあります。

どういった大学に所属するかによって異なりますが、基本的に大学の教員というのは、（講義、実習以外は）どのくらいのペースで、どのくらいの研究をするかが各人の裁量に任せられています。頑張って研究をしても、給料に違いが出ることもありません。

筆者自身は、血眼《ちまなこ》になって、というほどではありませんが、ナメクジのようにスローペースで仕事をする、というタイプではまったくありません。

どちらかといえばイラチで、早口の大阪人です。「生物の研究者は実験動物に似る」とよくいわれますが、筆者自身は残念ながら（風貌《ふうぼう》も含めて？）ナメクジにはあまり似ていません。

なぜナメクジ研究者に？

また、「どうして研究者になったの？」という質問を親戚や昔の同窓生などに聞かれることがあります。その場合、相手やそのときどきによって微妙に違った答えを返しているような気がしますが、基本的に以下の6つのどれかに集約されます。

①昔、母に「好きなことをやって生きろ」といわれたから
②研究者（大学教員）がものすごく楽そうな仕事に見えたから
③せっかく大学で一生懸命勉強したことを生かさないのはもったいない、と思ったから
④学生のころ、父に「飲みたくない酒を飲まないといけないような仕事には就くな」といわれたから
⑤研究が好きだし、自分には適性があるような気がしたから
⑥スーツ、革靴が嫌いだから

①は、筆者が大学受験浪人をしていたころ、当時は地球環境問題がクローズアップされはじめていた時代であったこともあり、正義感あふれる若者だった筆者は「自分が地球を救う！」と意気込んで、工学部の環境系学科を志望していました。

しかし、なにかの話の流れで母が、「べつに無理してあんたが地球を救わんでもええ。**人類はじき滅亡するから、好きなことをやったらええ**」といいました。

このニヒルな言葉には目からウロコでした。

「そうか、俺がわざわざ地球を救うこともないか。じゃ、やっぱり基礎自然科学（理科全般）が好きなので、理学部にしようかな」ということで受験先が変わりました。

②さて無事大学に合格し、４年間は京都大学理学部で学んだのですが、当時のこの大学の教員は、学生の目から見て非常に気楽に生きているように見えました。

講義の準備はロクにせず、講義時間の大部分は与太《よた》話か自慢《じまん》話、という教員が大多数でした。シラバス（講義計画表）も（たぶん）なく、出席も取らず、試験も単位認定もものすごく適当におこなわれているようでした。

自分の研究には非常に熱心ですが、学部の学生が授業内容を理解しているかどうかにはまったく無関心のようでした。最近はどの大学でも見られる、学生からの授業評価アンケートなどというものも、もちろんありませんでした。

学生だった筆者はそういった教員たちを見て、**「大学教員ってなんて気楽な商売なんだ！」**と衝撃を受けたのを覚えています。

ところがどうでしょう。その後、筆者はこれほど（教員が）自由奔放《ほんぽう》に生きている大学で働けたことは一度もありません。しかしそれは、京都大学が特殊だった、ということではなさそうです。

今世紀初頭におこなわれた国立大の法人化と、それにつづいて導入された大学評価システムによる予算締めつけのために、**どの大学も文部科学省（直接には認証評価機関）の意向に沿うよう、学生教育重視を謳《うた》い、なおかつ個性が失われてどんどん均質化していく傾向**にあります。いわゆる「放任主義」を自認していた（？）京都大学も、もはや例外ではなくなっているかもしれません。

③は説明不要だと思います。日本では、「大学の存在理由《レーゾンデートル》」が問われるようになって久しいですが、近代以降の大学というのは教育と研究を兼ねた役割をになうことを標榜《ひょうぼう》する、いわゆる「フンボルト型」大学です。

フンボルト型大学では研究活動そのものが教育活動だとされるため、大学のいとなみそのものが、「研究者が研究者を育てる」という機能を内包しています。

このため、**学生は大学で一生懸命勉強すると、研究者になってしまう確率が必然的**

に高くなります。

④は、大学時代に帰省した際、父がなにかの話の流れで私にいった言葉です。父は、営業職という仕事柄、飲みたくない酒につき合わされることが多かったので、かなり実感のこもった言葉でした。

研究者はたしかに、（立場や本人の性格によりますが）飲みたくない酒につき合わされる、という局面はそれほど多くありません。

⑤は、高校生のときの職業適性検査で「専門職」が高い適性を示していたことや、自分の理屈《りくつ》っぽくてあまのじゃくな性格から判断しています。また、やってみると、以下に述べるように、研究そのものがとても面白いですしね。

⑥は冗談ではなく、じつはこれがかなり大きな理由なのですが、**革靴は蒸れるから大嫌い**なのです（といっても、最近は若いころのようにムレムレになることはあまりなくなりましたが……）。こういった、高温多湿の日本の夏には不合理としか思えないような

靴やネクタイの装着が前提とされる業種は、できるだけ避けたい気持ちがありました。

研究者（理系）は、400円のク○ックスもどきを履いてTシャツ+白衣、という格好で会議に出たりしても、大学内では許容されます（されていると信じています）。


筆者はこれまで、民間の基礎研究所のほか、国立大学、私立大学、公立大学という3種類の大学に所属してきました。大学院生のころは、三菱化学生命科学研究所（いまではもう閉鎖されてしまいました）という、民間としては珍しかった基礎生命科学の研究機関に出入りして、ラットの海馬《かいば》を材料とした記憶・学習の実験に従事させてもらい、これで学位を取得しました。

つづいて助手として就職した東京大学大学院薬学部で、ナメクジに出会いました。19年前の当時は、ほかのスタッフや学生を含め、何人かがナメクジの脳研究をおこなっていました。しかしいまでは、当時の研究室のメンバーでナメクジの研究をつづけているのは筆者のみになってしまいました。

その後に移った私立大学でもナメクジの研究をつづけ、現在の県立福岡女子大学にいたっています。

……と、これだけでは「なぜ研究者に？」という問いには部分的に答えているかもしれませんが、**「なぜナメクジ研究者に？」**に対する十分な答えにはなっていませんね。それは、もうちょっと読んでいただければ少しはわかってもらえるかもしれません。

研究のなにが楽しいの？

本書で紹介するような純然たる基礎研究にいそしむ研究者を見ていると、「なにが楽しいの？」という素朴《そぼく》な疑問を抱くこともあると思います（本書のこれまでの章を読んでいただくと、ちょっとは「面白いね」と思ってもらえるのではないかと期待はしていますが……）。

釣りやアニメのような、趣味性・オタク性の高い職業だからねえ、といってしまえばそれまでなのですが、強《し》いて「なにが楽しいのか？」を説明するとすれば、それは**自分の研究で明らかになることが、世間の常識や理科の教科書を書き換えていくことがある（かもしれない）**、という点です。

子供の理科の教科書を指さして、「これ、お父さんが見つけたんだよ」といえばなんだか誇らしい気持ちになりそうですよね？

でもじつは、いちばん楽しいのは教科書が書き換えられることそのものではなく（そもそも教科書を書き換えるほどの発見を一生のうちにする人のほうが少ない）、**新しい事実を最初に自分が見つけた（気づいた）瞬間**です。

ちなみに、最初に自分が見つけた、と思ったら50年以上前に海外のだれかがすでに見つけて発表していた、などということはしょっちゅうなので、無駄足を踏んだり恥をかいたりしないために日ごろからよく勉強しておくことは大切です。

第４章で述べた、ＤＮＡ倍々増加の機構を研究していた際、「ほかのナメクジの脳を別のナメクジの体内に移植できるのでは？」と思いついてやってみた移植脳の実験がありました（１１９ページ図21）。

これも、後でよく調べたら、脳移植そのものについてはほかの巻貝を用いておこなっている人が40年も前に海外にいたことがわかりました。

また、独善におちいったり大きな勘違いに基づいて誤った方向に研究を進めたりしないために、周囲の研究者と情報交換をし、学会などで思いもかけなかった角度から自分の研究を批判してもらうことも大切です。これも研究の面白さのひとつといえるかもしれません。

大学や研究所に閉じこもっているだけ、という日常を送っている研究者はあまり健全とはいえません。

基礎研究を進めるもうひとつの楽しさは、

「変な現象の観察」

←

「これを説明する仮説の設定」

←

「仮説を証明するための具体的方策の立案」

←

「実験による実証」

という一連の流れそのものにあります。この矢印（←）のところに研究の醍醐《だいご》味があるのです。自らのロジックがすうっと通ったときの喜びとでもいいましょうか。

ただ、「変な現象の観察」がそうそうあるわけでもなく、「これを説明」する理屈が思いつかないこともしょっちゅうあり、思いついてもそれを「証明するための方策」が技術的に実現困難であることが普通です。

また、思いついた理屈がそもそも間違っていて、間違った仮説に基づいて研究を進めていって途中で行き詰まることもあります。

さらには、いつもいつもこのような楽しい研究活動ができているわけではありません。たいていは、「とりあえず〇〇がわかってないから調べてみようか」といった、もっと地味で地道な作業に従事している感じです。

そのなかでごくまれに、ふと「変な現象」に出くわすことがあるのです。

女子大でナメクジ研究ってどうなの？

あと、卑近《ひきん》すぎる話で恐縮なのですが、現在の職場になってからよく聞かれるので書いておきますと、「女子大なのにナメクジとか大丈夫？」という質問をかなり頻繁に受けます。

つまり、女子学生にナメクジを扱わせるようなことをして、嫌がられないか（＝ハラスメント認定されないか）、という質問です。

この質問を発する人が、いったいナメクジにどれほどネガティブなイメージをお持ちなのかわかりません。しかし、ラットやマウスに比べると、**たとえ生き物を苦手とする学生であっても、ナメクジならば大丈夫**、という可能性は十分にあります。

その理由は以下のとおりです。

①決して人を噛《か》んだり刺したりしない
②切っても赤い血が出ない（ヒトと同じようなヘモグロビンを持たない、というだけで、第1章で述べたように、ヘモシアニンという酸素運搬に関わる別のタンパク質が体液中にちゃんとあります）
③動きが遅く、逃げてもすぐに捕まえられる
④鳴き声をあげない
⑤獣くさくない

つまり、**ナメクジはか弱く華奢《きゃしゃ》な婦女子にも十分扱える動物**なのです（実際のところ、か弱く華奢な婦女子、というものをほとんど見かけませんが）。筆者にいわせれば、ゴキブリを扱える女子学生のほうがはるかに勇猛果敢な猛者《もさ》だと思っています。

横道にそれてしまいましたが、それでは「研究一般」ではなく「ナメクジ研究」の大変さ、楽しさとはなんでしょうか？

ナメクジ研究の大変さ

筆者もひがみ粘液を出してみた

楽しさの陰には必ず大変さがついてまわります。ナメクジ研究の大変さはいろいろとありますが、以下の5点に分類されると思います（ナメクジはつらいときにはとにかく粘液を出しますが、筆者もちょっと毒のある粘液を出してみました）。

①系統維持が大変
②市販の実験ツールがない
③同じ分野の研究者が少ない
④外部資金が取りにくい
⑤就職先、異動先を見つけにくい

順番に説明しましょう。

①系統維持が大変

当研究室で飼育しているチャコウラナメクジのほとんどは、いまから19年以上前に三重県鈴鹿《すずか》市で捕獲された個体が産んだ卵の塊《かたまり》（つまり兄弟）に由来しています。それらのあいだで交配させつづけ、ほかからの個体を交ぜることなしに閉鎖交配系として維持し、**現在では38世代目**に達しています。全部で**常時３０００～５０００匹が維持されている状態**です。

彼らを第1章に書いたような飼い方でほぼ毎日世話をするのは、楽な仕事ではありません。

研究室では、所属している学生も筆者も含めた当番制にしています。それぞれのナメクジは曜日ごとに分けられ、**週に1回ないし2回、飼育されている箱を替えられて、エサを補充**されます。

ですので、毎回何千匹ものナメクジの箱を替えているわけではありません。また、土日は世話をしなくてもよいように、世話当番のスケジュールを組んでいます。

しかし、それでも学生の人数が少ないときには、週に2回も当番が回ってくることがあります。**1回あたり3時間近くかかるため、かなりの労力**です。

そのうえ、産みつけられている卵は系統ごとに分けて回収するので、ボーッとやっていたら間違えることもあり、楽な作業ではありません。

なお、捕獲してきた野生動物をこのような閉鎖系で近親交配的な飼い方をつづけると、一般には繁殖力が下がったり奇形が生じたりすることが多いのですが（近交弱勢《きんこうじゃくせい》といいます）、研究室のナメクジを見ているかぎり、そのような現象は認められていません。

これはおそらく、ナメクジ自体がもともと移動性の低い生活をしているため、野生状態ですでに近親交配系に近い状態にあり、問題のある遺伝子が自然選択的に消えてしまっているためだと推察されます。その意味では、研究室で飼うのに適した動物だといえます。

②市販の実験ツールがない

これも第2章で先述したとおりです。マーケットとして小さい、というか、世界で数人しか研究者がいない状態で、そこに向けた商品を開発するメーカーがあるはずがありません。したがって、マウス・ラットを対象としている研究者がお金を出せば簡単にできてしまうような実験が、ものすごく大変だったりすることはしょっちゅうです。

③同じ分野の研究者が少ない

これは競争相手がいない、という点ではよいことかもしれませんが、同時に、学会発表で興味を持ってくれる人が少ない、ということを意味します。

会場で、自分のポスターのところだけだれも見にきてくれない、という寂しい経験をしたことは一度や二度ではありません。**自分の論文が（自分以外の研究者に）引用されない**、という寂しさにも、もう慣れてしまってだいぶたちます。

また、ここまで同じ分野の研究者が少ないと、もはやほかの研究者が見出した知見の上に立って仕事を進める、というスタイルでは限界があります。論文を書く際にも、研究者が多い分野ではいちいち序論にゼロから説明をはじめる必要がないことが普通なのです。しかし、ナメクジの脳研究に関するかぎり、論文を審査する匿名《とくめい》の研究者がナメクジの脳のことをよく知っている可能性はきわめて低いため、毎回ゼロからのバックグラウンドの説明が必要です。

論文中の図についても同様で、神経科学の専門誌なら「ラットの海馬」といえば、もはやいちいちその場所の説明のために図をつくる必要はありませんが、「ナメクジの前脳葉」を持ち出す場合、その場所や想定されている役割などを説明する絵や文章が毎回必要となります。

④外部資金が取りにくい

文科省の外郭団体である日本学術振興会の科研費（科学研究費補助金）など公的な研究助成であればまだしも、製薬会社などの**民間研究助成では、申請書を出しても採択される可能性はきわめて低いです。**

筆者がナメクジの研究をはじめて以降19年間に、民間財団にのべ100件研究費を申請しましたが、そのうち採択されたのはたったの8件です。**勝率8%という驚きの低さ**です（もっとも、この数字がほかの動物を用いた研究計画の申請に比べていちじるしく低い、というわけではなく、研究費不足にあえぐ研究者が巷《ちまた》にあふれる昨今では特に驚くような値ではないかもしれません）。

なかには親切にも不採択の理由を教えてくれる財団もあり、そこには**「面白いけどなんの役に立つかわからない」「独創的だが普遍性が不明」**などの文字が躍ります。

もっとも、筆者の申請書の書き方が拙《つたな》かったり、的外れの財団に出していたり、あるいは研究業績が不十分だったりすることが不採択にされた理由かもしれませんので、ナメクジ研究だから落とされた、というのは少しひがみかもしれませんが……。

ひがみついでにもうひとつつけ加えれば、民間の研究助成では特に、審査員の専門分野が偏《かたよ》っていることが多く、研究者人口の少ないジャンルでの研究は、よほど目を引くような申請書でないかぎり、なんだかよくわからない申請書とみなされて、あまりよい評価を得ることができないことが多いのです。

また審査員が同じ研究者コミュニティー（筆者の場合だと動物生理学関係など）に属した顔見知りであることもまずないため、身内のよしみ、といったようなおいしい恩恵を受けられることも皆無《かいむ》です。

また、文科省関係の公的研究助成であっても、あらかじめ「お題」が設定されているタイプの助成もあります。

研究者人口が世界的に増えつつあるジャンルであったり、比較的日本人研究者が多く活躍している分野などについて、重点的に資金が配分されるタイプの助成です。いわゆる「選択と集中」というやつです。

しかしながら、**研究の世界では、流行りはじめた段階ですでに研究競争ははじまっており、場合によってはすでに勝負がついていることもあります。**

そこにさらに資金を投入して活性化しよう、という姿勢は一定の意味はあると思いますが、同時に、金に目がくらんで付和雷同《ふわらいどう》的に研究テーマを変えたりする研究者を生み出す一因にもなっています。

⑤就職先、異動先を見つけにくい

「なんの役に立つかわからない研究」という誹《そし》りを受けるような研究の多くはこれまで、国立大学等の理学部でもっぱらおこなわれてきました。ただ、昨今の国立大への運営費交付金の漸次《ぜんじ》削減の影響で、任期の定めがない教員ポストが全国の国立大学で減ってきており、とりわけ地味なポストから順番に消えていっています。

研究対象の動物が多岐《たき》にわたる動物生理学のような分野は、どうしても地味な分野、と見られがちです。

なぜ「地味な分野」のポストから縮小されていくかといえば、こういった分野の研究に対して予算が政策的に重点配分されることがほとんどないことが理由のひとつとして挙げられます。

潤沢《じゅんたく》な研究資金を持つ研究者を受け入れたほうが大学運営資金の足しになる、という現在の文科省の予算配分システムの下では、**「地味な分野」の研究者を採るより「華やかな分野」の研究者を採るほうが、いくらかでも大学が潤《うるお》う**、という事情があります。

加えて、予算配分がトランスレーショナルリサーチ（基礎研究と応用研究をつなごうとする研究分野）や、功利的な到達目標が設定された出口指向の強い研究分野に偏っている昨今では、「なんの役に立つかわからない研究」に（民間財団からも含めて）大きな予算がつくことはまずありません。

また、私立大学のなかでも、医師や薬剤師、栄養士などを養成する国家資格系大学にとっては学生の合格率を上げることが至上命題であり、**わけのわからない動物でわけのわからないことをやっている理学部系出身の教員では**、その専門性を生かせるような国家試験科目の数がごく限られています。**それこそ即戦力にならないので不要**であり、あえて採用する理由もありません。

こういった理由から、アカデミックの世界において、マイナーな実験動物を使っている研究者の需要はきわめて低くなっているのが現状です。また、就職がむずかしそうな先細り分野であることを察した賢明な学生は、あえてこの世界に飛び込んでくることはしません。こうして、**衰退がますます加速する**のです。

とまあ、このように書くと、研究の大変さ、どころか暗澹《あんたん》たる気持ちになりそうですが、以下のように、ナメクジ研究ならではのよさ、楽しさもあるのです。

ナメクジの脳研究の面白さ

研究室という王国を独り占めできる喜び

前にも述べたように、研究者が研究をおこなうモチベーションのひとつに、仮説の着想とその検証、という一連の流れにしたがって進める面白さがあります。「こうではないか？」と思ってそれを確かめる作業が研究活動の主要な部分をなします。

①なにかふしぎな現象に気づき、
②「こうではないか？」とひらめいて、
③それを証明するためには「どういった実験をすればよいか？」を考え、
④それを実行して確かめる、

という流れです。小中学生の夏休みの自由課題でも、実際にこういった一連の要素を含むすぐれた自由研究をしばしば見かけます。

これらのプロセスをすべて自分だけ、あるいは自分の研究室だけで完結させられれば楽しさは最大級なのですが、実際は各研究者、各研究室がこのうちのどれかだけをになう、というケースが多いのが現実です。

意義やメカニズムの説明はまだできないけど、とてもふしぎな新しい現象を見つけた、とか、先行研究者が見つけたある現象に対してメカニズムもすでに唱えられているが、今回それを確かめる新たなツールを開発して証明した、などといった一部分への貢献になることが多いのが現実です。

それでも、自分が最初に見つけた、あるいは新しい実験手法を開発した、という部分をになっただけで十分満足なのです。実際、自然科学系のノーベル賞は、広い範囲の研究にブレークスルーをもたらすような技術開発関係の業績に対してしばしば与えられています。

アルツハイマー病研究やがん研究の分野だと、この病気のあらゆる局面から研究がおこなわれており、臨床医、病理学者、生理学者、疫学《えきがく》者、細胞生物学者、有機化学者など、ありとあらゆる分野の研究者を巻き込んで精力的に研究がおこなわれています。

多数あるうちの特定の病理現象や関連分子を研究している研究者が見出した知見を受け

て、別の研究者がその上に新たな知見を築く、といった感じです。

別の病理現象や分子についても同様の積み重ねをおこなういとなみがくり返され、**まるで無限に広がりをつづけるバトンリレーのように世界中で研究が発展、膨張していきます。**

その過程で、新たな技術革新や注目すべき現象が見つかることもあります。その一方で、熾烈《しれつ》な競争や論争が起こることもあります。

科学のホットな分野は、このように多くの研究者を巻き込んでダイナミックに発展していきます。

では、ナメクジの脳研究ではどうでしょうか？　ナメクジの研究ではなにかふしぎな現象に気づき、それを「こうではないか？」と推論し、それを証明するにはどういった実験が必要かを考え、それを実際に実行して確かめる、という一連のプロセスをすべてほぼ自力で実施する必要があります。

その理由は、もう説明の必要はないと思いますが、これらプロセスの一部でもになってくれるほかの研究者が非常に少ないためです。

もちろん、さまざまな局面で他分野の研究者の知恵や助けを借りることはしょっちゅうありますが、もはや共通の問題意識を持って多くの研究者たちがなにかを追いかける、という分野ではありません。

こう聞くととても寂しいジャンルで仕事をしているように感じるかもしれませんが、**研究のプロセスを最初から最後までおこなえる、というのがナメクジ脳研究の醍醐味**なのです。

そしてこれまでに見てきたように、ナメクジは予想以上にすぐれた脳を持っていることがわかってもらえたと思います。**その「脳力」のひとつひとつを明らかにしていくプロセスを独り占めできる、というのはなにものにも代えがたい喜びだといえます。**

常識と非常識が入れ替わるダイナミズム

ナメクジ研究のもうひとつの面白さは、研究を進めるにしたがって、自分の神経科学の常識が大きく書き換えられていくことです。

筆者は、もともと哺乳類における記憶、学習といった、いわば当時の神経科学では王道的なジャンルで学び、学位を取りました。しかし、そこで染みついた神経科学の常識は、あくまでも哺乳類（特にげっ歯類）における常識でした。

哺乳類というのは動物の世界全体で見たとき、脊索《せきさく》動物門という小さな分類群のなかの、哺乳綱というさらに小さなカテゴリーに相当するマイナーな分類群でしかありません（23ページ図１）。

しかし、ヒトに近縁なモデル実験動物であるがゆえ、「自分たちの脳」を知りたい研究者たちは長年、集中的にマウスやラットで知見を積み重ねてきました。

そのため、近年の神経科学の世界では「神経科学者≒マウス・ラット神経科学者」という図式ができてしまいました。

こういったバックグラウンドで育った筆者にとって、ナメクジ脳を研究して得られる知見は非常に新鮮で、驚くことばかりでした。**神経科学の「常識」は、ナメクジ脳では「非常識」で、ナメクジ脳の「常識」は神経科学の世界では「非常識」に分類される**ことがわかりました。

ナメクジの脳を見ていると、「理論上はあってもおかしくないかもしれないが……」というようなことが実際に採用されています。

「生物の体は、人間が思いつくようなことはすでに進化の過程ですべて実現している」という格言をどこかで聞いたことがあるのですが、ナメクジの「脳力」を研究しているいまでは、その意味を身をもって実感できます。

ナメクジ研究者の雄叫《おたけ》び

自分がやるべき研究、やらなくてもいい研究

サイエンスの世界には、競争の激しい分野がたくさんあります。現在の神経科学の分野だと、アルツハイマー病やパーキンソン病、統合失調症といった、罹患《りかん》している人がたくさんいる脳の病気に関連した分野や、それらの治療に寄与《きよ》しうる神経再生に関する分野などです。

こういったトランスレーショナルな研究分野には当然、資金力のある医学部系の研究者

や製薬会社の研究者も多く参入してきますので、研究競争は世界中できわめて熾烈になります。

先述のように、筆者が大学院生のころは、記憶・学習の分子神経機構といった当時非常にホットな分野の真っただ中におりました。また、所属していた研究室では、「家族性アルツハイマー病の原因遺伝子の探索」といったさらに競争の激しい研究をおこなっている大学院生の先輩もいました。

そういった研究室の博士研究員や先輩大学院生が、他国の研究者に先を越される形で競争に負け、落胆《らくたん》する姿を何度か見てきました。

駆け出しの大学院生だった筆者は、そういった先輩方の姿を見て、自分の研究がどこかの国の研究者にいつ出し抜かれるかわからない焦《あせ》りと恐怖、というのを身にしみて感じました。

と同時に、**「自分のやっている研究は、べつに自分がやらなくても近いうちに世界のだれかがやってくれるのでは?」**と、いささかシニカルに考えるようにもなりました。

医療の世界や人類に大きなインパクトを与える研究分野には、それだけたくさんの研究者がいます。そのなかで最初に自分が発見する喜びと勝利感、というのはなにものにも代えがたいものでしょう。人類の福祉にも間違いなくダイレクトに貢献できます。

しかし、よく考えたらそれは、**「自分がやらなくてもそのうち世界のだれかがやってくれること」**なのです。

そんななかで当時、研究者人口がゼロに向かいつつあったナメクジに出会いました。これは、**「自分がやらないと絶対に進まない分野」**にほかなりません。しかも、研究を進めると（哺乳類での常識しか知らなかった筆者にとって）面白いことが次々にわかります。

こういった事情により、この19年間は細々とマイペースな研究をつづけています。

フロンティア研究はやりがいたっぷり

ただ、研究をはじめた当初はラットの脳を研究していたころのようにはデータが出ず、同じ実験手法を適用してもうまくいかないことが多かったため、苦労が絶えませんでした。

ナメクジの確保自体も大変な問題でした。

マウスやラット、ショウジョウバエのようなメジャーな実験動物には「標準系統（モデル生物）」というものが存在し、世界の研究者は遺伝的にほぼ同一、つまり同じＤＮＡを持った動物を扱っています（その意味では、「マウスを使って○○であることがわかった」という成果は、しばしば違う系統のマウスを使うと当てはまらなかったりする、普遍性の乏《とぼ》しいものであるといえます。ましてやヒトなどにはまったく当てはまらなかったりします）。

ところが、当然のことながらナメクジにはそのような標準系統はおろか、標準となる「種《しゅ》」自体も決まっていませんでした。

歴史的に見ても、世界各地でマダラコウラナメクジやノハラナメクジ、クロナメクジといった異なる種のナメクジが使われ、しかもそれらは多くの場合、野外で捕獲されてきたものがすぐにそのまま各研究室で使われていたりしました。近交弱勢の出やすい動物であればこういったやり方も仕方ありませんが、できれば研究室内で維持管理した、氏素性《うじすじょう》のわかっている血統書付き（？）のナメクジで実験をおこないたいところです。

さらにわるいことに、最初に筆者がナメクジの研究をはじめることになった研究室では、短期的に飼育していたナメクジが単一の種ではなく、外見の似た2種が混在していることもわかりました。

分子生物学的な研究においては、遺伝子の塩基《えんき》配列を国際データベースに登録する際、種名があやふやだと困ります。そのため、「標準系統」に相当するチャコウラナメクジの集団を確立しようと飼育をはじめました。

しかし、効率のいい繁殖方法などが未知であったため、研究室のメンバーや学生の力を借りて、手探りで飼い方を試行錯誤する日々がつづきました。

「庫内環境と箱数のバランス上、ひと箱当たりに飼育する適正な匹数はどれくらいか」

「箱替えをするインターバルは何日くらいまで延ばせるか」

「虫（コクヌストモドキという甲虫など）がつかないようにするにはエサをどのように保管したらいいか」

「個体間で育ち方に差が出ないようにするにはどのようにエサを与えればいいか」

「卵をたくさん産ませるにはどのようにエサを与えればいいか」

「高吸湿性の濾紙《ろし》を床敷きに使うとコストがかかるので代替品はないか」

「赤ちゃんが寄生虫にやられないためには孵化《ふか》前の卵をどう取り扱えばいいか」

「インキュベータの故障による全滅を防ぐにはどうしたらいいか」などなど……。

もちろん、筆者がナメクジ研究をはじめる前から飼育のノウハウはある程度確立されていましたが、何年も持続可能な形で飼育するためには、コスト面も含めたこういった細かい改善が必須でした。こういった苦労は、メジャーな実験動物を扱っているかぎり無縁のものでしょう。

これまでたずさわってくれた学生さんや実験補助員の方々に、この場を借りてお礼をいいたいと思います。

なお、遺伝的に均一かどうかはあやしいながらも、**現在ではようやく「世界標準のチャコウラナメクジ」**を確立したと思っています。

しかし残念ながら……、**気づいたらこれらを使ってくれる研究者は世界にほとんどいなくなってしまいました。**寂しいかぎりです。

面白いモノはあちこちにある!

これまでに書いたようなナメクジの研究は、基礎研究のなかでもかなりコアな（?）基礎研究と呼べると思います。

そして、そもそも基礎研究とはなにかといえば、２０１５年にニュートリノ振動の発見により ノーベル物理学賞を受賞した梶田《かじた》隆章《たかあき》教授の言葉を借りれば、**「人類の知の地平線を拡大する」**ようないとなみです。

そして、自然のなかには、だれも手をつけていない面白いことがまだまだたくさんあります。

みんなで一ヵ所に集まって、同じ問題をつついているだけではもったいないのです。

まわりを見渡せば、**発見と解明を待っているモノや自然現象があちこちに転がっているの**です。

次世代をになう若い研究者たちが、広く多方面に眼を向けて、新しい世界を開拓してくれることを願っています。

おわりに

最後までおつき合いくださった読者のみなさま、ありがとうございました。読み終えて、ナメクジに対するイメージが少しでも変わったのであれば、うれしいかぎりです。

今日も外は雨が降っていますが、朝起きると庭にはどこからともなくチャコウラナメクジがたくさん湧いてきています。にっくきナメクジで、駆除しても駆除しても次から次へと現れてはプランターの野菜を食い散らかすどうしようもないヤツらです。

人間の価値観で見れば、美しい草花や風景を愛《め》でることもせず、ラフマニノフやショパンの調べに酔いしれることもないガサツな動物です。

つらいことがあると、とりあえず体中から粘液を出してその場を逃《のが》れようとする弱い生き物です。

しかし、そんな彼らもわれわれ人間と同じだけの時間、進化してきました。つまり、ナメクジにいたる系統と、ヒトにいたる系統が何億年も前に分岐《ぶんき》してからいままでのあいだ、同じ時間だけ命をつないできたのです。

そんなナメクジが、すべてにおいてヒトに劣《おと》っているはずがありません。

実際、われわれはナメクジに相当やりこめられています。そしてその脳は、予想以上に高いスペックを持ったものであることが明らかになりつつあり、今後ももっとすごい能力が明らかになるかもしれません。

今後はナメクジにあたたかいまなざしを持って接しろ、などと差し出がましいことはいいませんが、みなさまが雨の日に庭や街角で彼らを見かけた際、「こいつらには人間にマネできないすごい『脳力』があるんだよなぁ」とふと思い出してもらえたら、筆者としては大変うれしく思います。

著者略歴
一九七一年、兵庫県伊丹市に生まれ、大阪府箕面市で育つ。京都大学理学部卒、東京大学大学院理学系研究科修了。大学院時代はラットを用いた脳研究に従事し、「海馬長期増強に伴い発現変化する遺伝子の網羅的探索」で博士（理学）取得。三菱化学生命科学研究所特別研究員を経て、二〇〇一年、東京大学大学院薬学系研究科助手。ここでナメクジの脳研究に出会う。二〇〇五年、徳島文理大学香川薬学部講師、二〇一二年、同准教授。二〇一三年、福岡女子大学国際文理学部准教授を経て二〇一九年、同教授。ナメクジの学習機構、および嗅覚、視覚の研究に従事している。
http://www.fwu.ac.jp/~matsuor/index.html

考《かんが》えるナメクジ
――人間《にんげん》をしのぐ驚異《きょうい》の脳機能《のうきのう》

二〇二〇年五月二四日　第一刷発行
二〇二三年六月一四日　第六刷発行

著者　松《まつ》尾《お》亮太《りょうた》
発行者　古屋信吾
発行所　株式会社さくら舎　http://www.sakurasha.com
東京都千代田区富士見一―二―一一　〒一〇二―〇〇七一
電話　営業　〇三―五二一一―六五三三　ＦＡＸ　〇三―五二一一―六四八一
編集　〇三―五二一一―六四八〇　振替　〇〇一九〇―八―四〇二〇六〇
装丁　石間　淳
本文デザイン・組版　株式会社システムタンク（白石知美）
印刷・製本　中央精版印刷株式会社

ISBN978-4-86581-245-9